接纳真实的自我

"ありのまま"
の自分に気づく

［日］小池龙之介 —— 著

陈旭 —— 译

中国科学技术出版社

· 北 京 ·

"ARINOMAMA" NO JIBUN NI KIDUKU
©Ryunosuke Koike 2014
First published in Japan in 2014 by KADOKAWA CORPORATION, Tokyo. Simplified Chinese translation rights arranged with KADOKAWA CORPORATION, Tokyo through Shanghai To-Asia Culture Communication Co., Ltd.

北京市版权局著作权合同登记 图字：01-2024-0365。

图书在版编目（CIP）数据

接纳真实的自我 /（日）小池龙之介著；陈旭译. — 北京：中国科学技术出版社，2024.8
 ISBN 978-7-5236-0769-5

Ⅰ.①接… Ⅱ.①小… ②陈… Ⅲ.①心理压力—调节（心理学）—通俗读物 Ⅳ.① B842.6-49

中国国家版本馆 CIP 数据核字（2024）第 101019 号

策划编辑	李 卫	责任编辑	李 卫
封面设计	东合社·安宁	版式设计	蚂蚁设计
责任校对	焦 宁	责任印制	李晓霖

出　版	中国科学技术出版社
发　行	中国科学技术出版社有限公司
地　址	北京市海淀区中关村南大街 16 号
邮　编	100081
发行电话	010-62173865
传　真	010-62173081
网　址	http://www.cspbooks.com.cn

开　本	787mm×1092mm　1/32
字　数	118 千字
印　张	8.5
版　次	2024 年 8 月第 1 版
印　次	2024 年 8 月第 1 次印刷
印　刷	大厂回族自治县彩虹印刷有限公司
书　号	ISBN 978-7-5236-0769-5/B·178
定　价	59.00 元

（凡购买本社图书，如有缺页、倒页、脱页者，本社销售中心负责调换）

前 言 | PREFACE

我们总想成为更好的自己,想更受人欢迎,想更阳光开朗,想成为成功人士,想左右逢源,想得到别人的赞扬……但佛语有云,"想要"即是欲望,欲望即是痛苦的根源。

不过,"想要……"这种个人的欲望能唤起我们的雄心壮志,激励我们努力拼搏。"想要"之欲为何能扰乱我们的心神呢?我在前言部分只进行简单的说明,详细内容请各位继续阅读本书的正文部分。

"成为更……的自己",这种愿望其实就是否定了你现在真实的样子,甚至说明你讨厌现在的自己。真实的自己有时懦弱可欺,有时奸诈狡猾,有时冷酷无情。我们拼命否定自己那些令人难堪的一面的同时,也在努力成为更好的自己。

尽力掩盖真实(懦弱)的自己,同时努力成长,让自己变得绚丽夺目（这只是幻觉），一切都好比是水中之月、镜中之花。

但是，成长必然要付出代价，揠苗助长、过分努力会让自己长期处于紧张状态，甚至没有喘息的时间。最重要的是，一个人总是命令自己做得更好、变得更优秀，也就意味着他永远不肯承认自己有脆弱的一面。而一个人内心的自我认可度越低，就越会靠他人的认可来弥补，从而逐渐变得谨小慎微，开始过度关注他人的眼光和意见，于是，喜怒哀乐全由他人的评价来左右，自己便永远达不到安适自然的状态。

不强迫自己成为所谓的更好的自己，而是要活得轻松闲适。只纠结于要成为更好的自己，最终只会招来内心的不满和幻灭。人没有成长和进步，自然会十分痛苦，但即便成功了，也会被不满和幻灭缠绕，这是一场永无赢家的游戏。所以，不要再做毫无意义的努力了。

人一不小心就会逞强，因此常常感到痛苦。回首前路，也是胜少败多。所以你才需要回归真实的自我，让自己放松一下。只有这样，才能真正帮助自己。

别再无意义地努力了，与其成为"更……的自己"，倒不如了解一下自己，"原来我现在是……"，坦然地接受自己的弱点。

既不否定也不粉饰真实的自己，只去认识、去了解。有这样的力量，你的弱点自然会消失，不知不觉间，你已经变得更加强大。

不要强迫自己成为怎样的人了，给自己的心灵"浇点水"，让自己自然而然地变化吧！

真实的自己并不只有强大和光鲜的一面，也有懦弱和不堪的一面。我们内心深处必然埋藏着那些自己不愿面对的脆弱。

可能周围人永远不会聆听你诉说自己的脆弱，也不会发自内心地接受你的脆弱。所以，请你锻炼自己觉知的力量，倾听自己内心的脆弱吧！

目 录 | CONTENTS

第一章 认可之章 ········· 001

我们无须太伟大 ········· 003

自我认可 ········· 005

两种认可 ········· 006

社会上的价值观 ········· 008

增加自己的存在价值 ········· 010

美化的语言 ········· 012

自我缺失感和过剩适应 ········· 015

是什么在束缚你的自然状态 ········· 019

"你"的认可和"他"的领域 ········· 021

社会促进了自我缺失感的发展 ········· 025

自我认可难以实现 ········· 028

积累印象 ………………………………………… 032
他人的批评让自我肯定缺失 …………………… 035
普遍观点的认可 ………………………………… 036
无法确信的他人认可 …………………………… 040
动摇和变化是自然的 …………………………… 042
我心不动,即是安然 …………………………… 043
不要攀比 ………………………………………… 044
被认可无须太过喜悦 …………………………… 048
求不来的夸赞 …………………………………… 050
被分解的事物还继续存在吗 …………………… 053
不要为了得到认可而自我牺牲 ………………… 054

第二章 孤独之章 ………………………… 057

被忽视让人苦闷 ………………………………… 059
被误解让人苦闷 ………………………………… 060
期待落空带来的孤立感 ………………………… 061

目录

可怕的割裂感和疏离感 …… 063

看家人和朋友的脸色 …… 066

"精神自给率50%" …… 069

零依赖毫无意义 …… 070

全情投入时,"认可"与我无关 …… 072

他人眼中的不自然 …… 075

一般性规则与成长 …… 076

讲礼貌有时也让人不愉快 …… 079

过度关注自然,反而不太自然 …… 083

为什么人会依赖他者 …… 087

没有自我认可的证明 …… 089

压倒性的苦难 …… 092

是非判断受到他人影响 …… 094

自由自在的心境 …… 097

伪善的假面 …… 102

微笑的距离 …… 104

真正的平和 …… 106

无条件接受 ············· 109
给孤独安个家 ············· 111
交流过剩导致的孤独感 ············· 114
提高自给率的"心灵农业" ············· 116

第三章 渴爱之章 ············· 119

不合心意让人愤怒 ············· 121
最爱我自己 ············· 123
为什么要"以我为主" ············· 125
不能完全依靠自己的"眼镜" ············· 127
贪欲、嗔恚与无知 ············· 131
跟着感觉走 ············· 132
觉知自己，理解自己 ············· 137
看见真实 ············· 142
领悟信号 ············· 146
认识痛苦的根源 ············· 151

心中常怀中立观点 ………………………… 152

渴爱的背后是痛苦 ………………………… 156

保持冷静就够了 …………………………… 158

领会含义 …………………………………… 162

接受、拥抱万物 …………………………… 165

养成慈悲心 ………………………………… 170

苦乐皆非常态 ……………………………… 174

量力而行 …………………………………… 179

不要逼自己成长 …………………………… 181

第四章 真实之章 ………………… 185

何为放弃 …………………………………… 187

现代社会要求人们不放弃 ………………… 189

对逆境的耐力低下 ………………………… 191

爱别离苦，怨憎会苦 ……………………… 193

生活中没有什么不能忍耐 ………………… 196

讨厌的事物终将成为过去 …… 199

主观由我来改写 …… 202

只要活着，就没有过不去的坎儿 …… 203

变成别人是痛苦的 …… 206

高速转世轮回 …… 209

无常、苦与无我 …… 213

被骗其实是偏离事实的 …… 215

自己的尺度和他人的尺度 …… 217

接受原本、真实的自己 …… 219

执着让人痛苦 …… 220

顺从自然 …… 224

不要过于姑息这副不自由的躯体 …… 229

四种曲解 …… 231

你能接受"中和"吗 …… 239

不要走向两个极端 …… 240

不要期待随心所欲 …… 241

有一种放弃可以让心灵更丰盈 …… 244

此非真实 ·· 246

智慧 + 慈悲 = 真实 ································· 248

尾声 ·· 253

参考文献 ·· 255

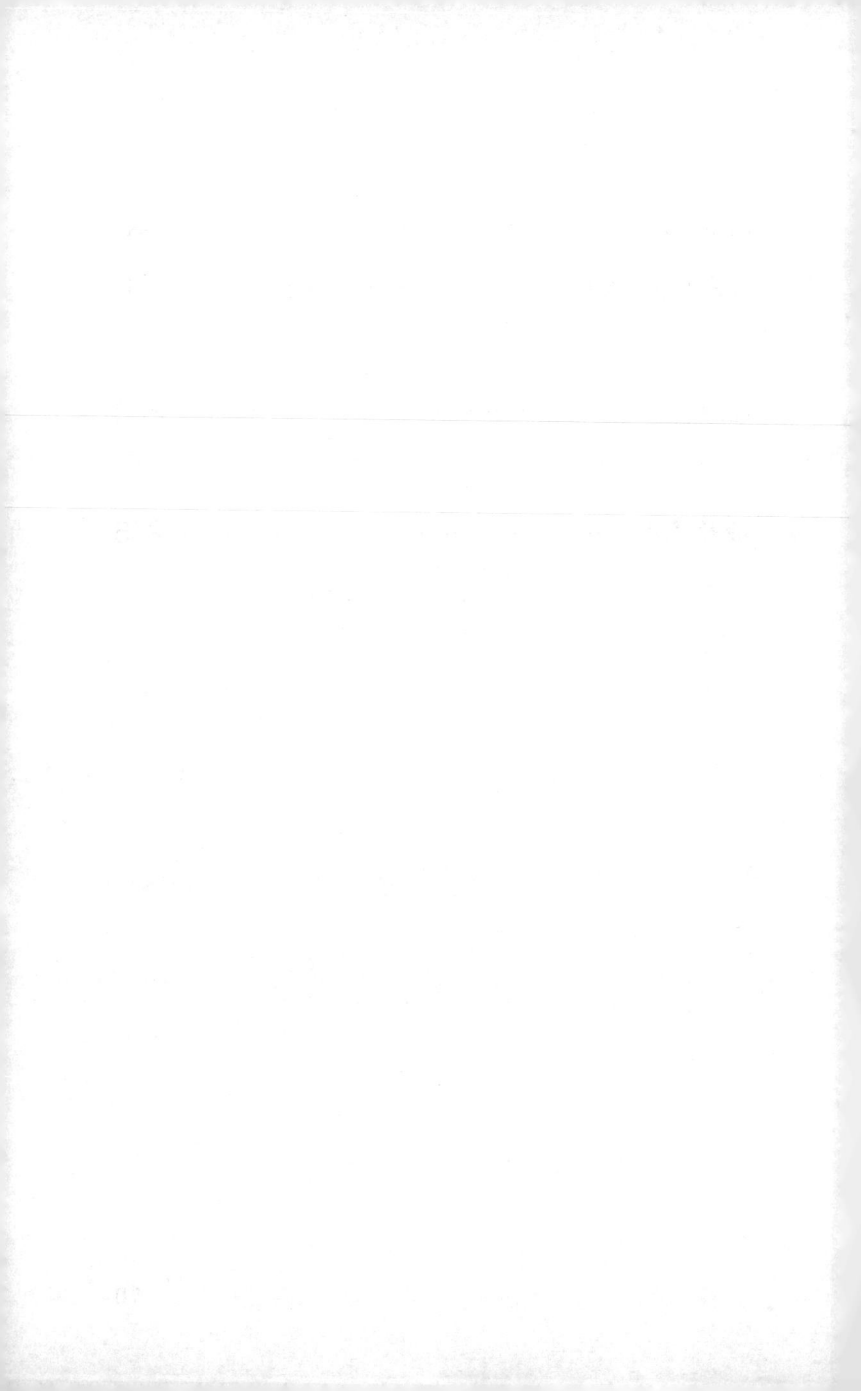

接 纳 真 实 的 自 我

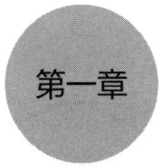

第一章

认可之章

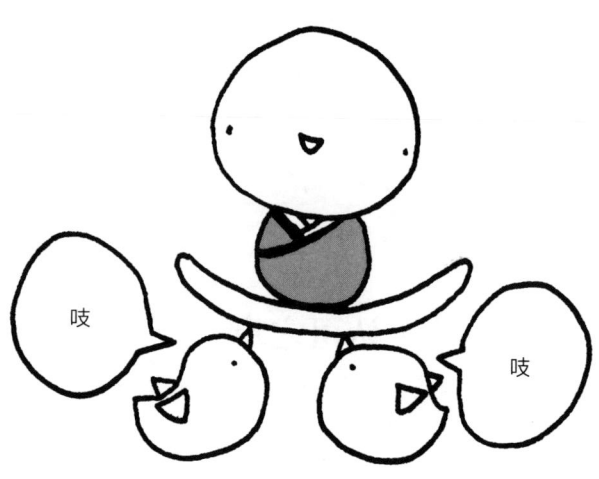

第一章　认可之章

我们无须太伟大

无须刻意成长，只要感受真实的自己，这就是我想通过本书传达给读者的，也是我从最近经历的一场失败中学到的真理。

当我通过冥想达到精神统一的境界时，我能够一气呵成地写完一本书，工作到废寝忘食，甚至得意忘形、不知疲倦。

但正所谓"诸行无常"，迟早有一天我会精疲力竭，这时候我就要重新认识自己，"向下兼容"到那个脆弱但真实的自己。我舍不得那个意气风发的形象，明明前一段时间我还那么有精力呢……那个"伟大的我"也就是所谓的"存在欲望＝有爱"[①] 会束缚我，让我越来越觉得

---

① 即人们对物的执念。——译者注

接纳真实的自我

自己很伟大。久而久之，我看不到也感受不到那个弱小但真实的自己了，我只能用大量的工作来麻痹自己。

或许因为我接手的工作太多，我能感觉到我的工作质量开始下降，身体状况也开始恶化，还总是容易焦虑。我想，这真是太糟糕了。我只能感叹"太痛苦了，我一点都不伟大"，此时的痛苦已经体现在肉体层面了，我这才真正认识到了自己的现状。

之前我总是想："我一定要保持优秀才行。"但此时我已经没有了这种欲望，它仿佛瞬间崩解，而我又回到了那个平素的自我。

我决定要放松一下，我告诉工作伙伴，自己现在十分脆弱，所以要减少工作量。那一瞬间我的心情便放松了。"有爱"的牵绊开始减弱，原来我不需要那么伟大！

人人都想超越现实的自己，偶尔也有自恋的时候。人们努力成长，却常深陷痛苦之中。真正重要的是，我们要坦诚面对自己的脆弱与痛苦，并感知痛苦的求救信号，之后放下对"更好自己"的执着就可以了。

第一章　认可

我们真的不需要那么伟大，难道不是吗？

自我认可

本书立足于古今思想领域的相关知识，着力解决现代人的各种烦恼，带领读者克服困难。

第一章的主题是"认可"，可以说是这个主题串联起了整本书。

假如你的孩子特别擅长跟其他小朋友玩游戏，于是你表扬他，这就是一种认可。职业棒球选手在击球区击出了漂亮的一棒，对于棒球选手而言，这就是对他的认可，即便没有得到任何人的喝彩，打出这一球的时刻，他就已经足够欣喜了。因为他知道，在这场棒球比赛中，他所做的一切都值得众人称赞。假如棒球的规则变了，击出一球不但会丢分，还会被大家批评，那么这位选手要是不慎打出一球，肯定会特别难过。再假如，你把今天的遭遇原原本本地讲给别人听，对方若是听得津津有味，还与你讨论，你或许就能感到对方认可了你的存在。这就是不同程度的认可。

两种认可

我认为，我们追求的认可大致可以分为两种。

一种认可主要体现在社会或团体中的优势。用上文棒球选手的例子来解释，就是一流的球技；对于音乐家来说，就是一流的演奏技巧；对于商业人士来说，就是优秀的产品设计、优质的宣讲或优秀的沟通能力。

它们的共通点是要附带条件，即这些优势必须在一定的条件和规则中才能体现，只有满足相应条件才能被赞扬。如果不满足条件，那就要被批评、被排挤。我们特别向往这种认可，会把这种愿望当作动机，进而努力工作。

但是，如果达不到一定条件就得不到人们的认可，那么难免会让人感到苦闷。或许能够对我们高度认可的

第一章 认可之章

正是整个社会、整个公司或者整个音乐界、棒球界。顺带一提,如果听众本身对音乐就毫无兴趣,那么哪怕你演奏得再出色,你也不会得到认可。如果对方对绘画毫无兴趣,或者讨厌绘画,那么不论你给他看的是一幅优秀的作品,还是一幅拙劣的作品,他都不会表现出任何认同和赞美。或者可以说对绘画没兴趣的人,在绘画作品创作之初,他就已经否定了这幅画。

因为只有在某种共同体或一群拥有共同条件、遵守同一规则的人中,我们才能通过满足相应的条件而获得认可,并发现自己的存在价值。

反过来说,一旦我们因为没能满足条件而得不到认可,或者工作不顺、身体不舒服、实在干不动活的时候,这种因"得不到认可"而产生的不快,会让我们备受折磨。因此,用这种认同来勉励自己,还是有些脆弱。

因为我们一方面在追求这种附带条件的认可,另一方面又在想有没有一种无条件的认可。于是,我们产生了对无条件认可的期待,这种认可自然不会来自他者,而是源自一种更加亲密的关系和情感。从个人角度来看，这是一种对"属于我的你"的诉求，是对"你"的存在无条件的认可。

其实大多数人并不期待自己是因为做出了成就、满足了条件，或者在某方面得心应手而获得认可的，他们希望的是获得无条件的认可——"我就是我"。我们常说"很多人都……"，这时其实我们的内心深处藏着"我也要像他一样"的幻想，这其实很折磨人。

社会上的价值观

现代社会其实有很多令人感到讽刺的事。比如，我们比以往更希望得到来自周围特定人群的肯定。那么为什么这种愿望会越来越强烈呢？如果从社会学的角度探讨，那么整个过程将相当复杂，令人难以理解。所以我将结合《不被认可的真正原因》，从大家熟悉的角度进行讲解。

早年间的社会，被团体认可的规则和标准较为简单，我们自然而然就能得到他人的认可。某种特定的价值观、某个特定的信仰，或者只是在一个共同体中形成的默契，都可以成为一种标准。只要达到这个标准，人们就能得到认可，而这种认可也不过是"这样就可以，这样就很好"的程度。

在几十年前的日本，更准确地说，就是在我出生前的30多年，社会上还有类似"男人就该这样活"和"女人就该那样活"的说法。而且那时候还提倡一个人要达到某种学历，并成家立业才算成功的说法。那时候，只要你做到这些，就能得到所有人的认可。

因此，有些人才会在不知不觉间通过这种来自社会的认可，来确认自己的价值。对于这类人来说，如果得不到足够的认可，他们就要用来自亲人、朋友的认可来弥补，似乎他们从没有像现在一样需要他人的认可。

如今，人们的价值观越来越多元，社会流动性也在增加。对此，日本的很多社会学者开始写书立传发表锐评。虽然我也想拜读他们的著作，但当今社会类似"这样做就有价值"的想法已经十分罕见了，"获得高收入，结婚买房才算圆满"的认可已经不再根深蒂固。当然也有人仍有这样的固有思维，但我相信他们只是人群中的少数。如今社会的主流思想是，人们应该以不同的形式进行自我实现，在社会上体现自己的价值。

增加自己的存在价值

那么，人应该如何自我实现呢？恐怕你问 100 个人就能得到 100 个答案。

即便你认为"打游戏就是自我实现""工作做得有创造性就是自我实现"，但也会有人告诉你"对我来说，这都不算什么"。以前，有些人会放弃事业专心培养孩子。那时，这种价值观备受人们推崇，因为培养出优秀的孩子能让人们认同和接纳自己。但是，现在这一代人的价值观变了，他们对以前的价值观嗤之以鼻，他们认为"才不是呢！社会不需要这种为家庭牺牲一切的精神，这也太无趣了"。所以哪怕你已经是一位优秀的全职太太，你也难免会被人说教："你要进入社会，要实现个人价值！"于是，你渐渐开始怀疑自己的价值，怀疑自己的所作所为究竟有何意义。

所以不论你怎么做，总有人做着和你不一样的事，也总有人有着和你不同的价值观。而你面对这群人，听到他们对你的评价时，会越来越没有自信。你感到不安，不知道自己是否应该维持现状，你的自我认同感受到了威胁。我们即便按照一定的规则生活，然后受到了赞扬、得到了认可，也难免会感到不安。所以，我们不能过于依赖这种认同感。

当我们发现自己长久以来的"后盾"不再能够保护自己，就应该寻找新的支持，而这些支持的来源可以是父母、孩子、恋人、工作伙伴、朋友、同学的认可。我们变得越来越在乎亲近的人的感受。

当我们在不知不觉间把社会或大多数人的认可作为

我们价值观的支撑,并因此让我们的内心达到安适自足的状态时,我们自然不需要依赖亲密关系中的第二人称,也就是"你"给自己带来心灵的慰藉。

过去,不论男女都更偏向于从社会认同中获得心灵慰藉,而其中男性与社会的联系更加紧密,他们乐于追求社会价值的支持。所以,越是旧时代的男性,就越重视社会的认可,而旧时代的女性很难得到社会的认可,所以只能努力获得"你"的认可,以此来弥补社会认可的缺失。这也造就了所谓的"男子气概"和"女人味"的说法,而且这种说法竟然延续至今。

正因为女性得不到社会的支持,所以她们不得不通过"你"或者孩子、朋友等亲密的人,来弥补自己的存在价值。

美化的语言

下面我们就来看看一些古代典籍是怎么看待"认同"

第一章　认可之章

的，我以古代典籍《经集》为例，同时参照了其他领域的知识。虽然我引用了《经集》的解释，但仍有部分内容由我个人翻译，也带有我个人的理解，但我保证不脱离原文，不破坏原意。

> 对待友人，
>
> 如无实行，
>
> 只以美言相待，
>
> 贤者必然能将其看破，
>
> 故此乃雅言而非实行。
>
> ——《经集》第254偈

这段话想要表达的道理是什么呢？我们总是在想办法让自己的语言更加优美，那我们为什么总要把一段话说得那么好听呢？究其原因，还是想要得到他人的认可。

比如有位朋友邀请你听歌剧。而歌剧这种艺术形式，有人很喜欢，但也有很多人就是搞不懂为什么演员们要在台上突然扯着嗓子唱上一段。他们不理解，也不接受这种艺术。

但是，即便接受不了这种艺术，大多数人也不想讨人嫌，所以一旦有人约他去听歌剧，他可能很难拒绝。

"歌剧啊，虽然我也很想去，但是……"这句话在表达了自己难处的同时，又尽可能地美化了语言，不让对方难堪。

"明天去吗？要是后天去就好了。明天我要到我大姨家帮忙呢！而且我表弟一直想跟我叙叙旧，我不太好意思拒绝他们呢……"虽然这是借口，但这段话说得很漂亮。语言得体，对方自然不会过于计较。虽然遭到了拒绝，但他不会有被人拒绝的难堪。

这样的说话方式看似圆滑，是在替对方着想，但在你千方百计地美化自己的语言时，难道不也在为了获得他人的认可而备受煎熬吗？像这样口不对心地硬要"做好人"，岂不是压力更大？你以欺骗的方式博取了对方的认可，说出那句和你真实想法完全相反的"好喜欢"的时候，其实也是你害怕失去对方认可的时候。当你"踮起脚尖"向对方索求的时候，就会感到十分疲惫。

自我缺失感和过剩适应

下面我们来看看中国经典著作《菜根谭》。《菜根谭》是一本集合了佛学、儒学和道家思想名言警句的箴言集。

> 好利者，逸出于道义之外，
> 　其害显而浅；
> 好名者，窜入于道义之中，
> 　其害隐而深。
>
> ——《菜根谭》① 第 193 则

这段话是什么意思呢？

---

① 知识出版社，2015 年 4 月出版。——编者注

"好利者"态度明确，他只以自己的利益为先，为人浅薄，观之令人生厌。所以我们常常对这类人保持警惕，因为我们能看出他们不是好人。他们太过显眼，即便害人，也算不得大奸大恶，危害也较小。因此，他们的害处并不大。

用上一节的内容来举例。如果有人约你一起听歌剧，但你不太想去，而你更重视自己的利益，你可能会说："什么？歌剧？那种演着演着突然就唱起歌来的戏剧吗？我可没兴趣。"像这样表明自己的想法，虽然不算友善，但也显得你表里如一。这样的人很爽快，他们对别人的伤害并不大。比起那些虚与委蛇、不肯透露心声的人，他们更敢说实话，敢说难听的话。他们让人更放心，也更受人欢迎。

下一句中的"好名者"，指的自然是重视名声的人。换言之，就是追求他人认可的人。而"窜入于道义之中"即"他们会混迹在仁义道德之中"，为了掩藏自己的真心，他们会做出一副"人畜无害"的样子，他们做的坏事很难让人察觉，但祸害极大。

他们的害处在于，被他们欺骗的人永远不知道他们的真实想法，或者等到他们的谎言败露的时候，才不再得到信任。不过被欺骗的人很难透过"美化的语言"揭穿他们的谎话，而且骗人的一方也会打着"不能伤害对方感情"的幌子继续撒谎，所以更加看不透自己其实是害怕失去对方的认可。所以一旦一个人养成了隐藏真心、满嘴谎言的习惯，就会产生"自我缺失感"。所谓自我缺失，就是老想着"我其实不是这样想的"。他们不敢直截了当地告诉对方"我一点都不想听歌剧"。

在咖啡店喝咖啡的时候，我们会看到一群高声谈笑的人。不论谈到什么，你总能听到他们兴奋地说"真好"，而他们明明连考虑"好在哪里"的时间都没有。结果就是，一个人只管说，其他人只管敲边鼓"对啊，太对了"。

这种与本心相悖的过度认同也有很多坏处。那就是当事人会积累自我缺失感，因为他们的表达都不是发自真心的。

比如,你向别人借了一本书,他问你读完了有什么感想。你可能会连忙满脸堆笑地说"很精彩""很有趣"。但你转念一想:"说很精彩是不是太假了?"于是你又开始口不对心了,结果改口成"很深奥""值得推敲"。

有些人总喜欢阿谀奉承,当他们与别人家小孩说话的时候,总是尽可能地表现出自己的态度很认真。"这是您的孩子吧?小朋友,你叫什么名字啊?叫爱花呀,这名字真好听!你肯定是一个充满爱的孩子!"

有些人本身就比较沉闷,但待人接物的时候,居然变得阳光热情。这又是为什么呢?大概还是因为逃不出"认可问题"。这样的人以前表现出阳光热情的时候,确实更容易被周围人接纳(认可)。这种记忆告诉他们,如果不表现得热情洋溢,就会得不到认可。不知不觉间,他们变得过于察言观色,这就是所谓的"过剩适应"。但他们不知道,自己不用这样也能得到认可。

是什么在束缚你的自然状态

假如我在演讲的时候说了一个笑话,想博观众一笑。如果观众笑了,自然说明我得到了认可,可喜可贺。但如果我希望场上的气氛能更欢乐一些,以后每次演讲都必定要说笑话,这就有点烦人了。第一次在演讲中夹杂笑话的时候,我不会有"自我缺失感",那是我的自然行为。但是,一旦我的笑话博得了观众的欢笑,我就会开始觉得"要是不接着讲笑话,就不能得到认可"。于是,我的内心就无法保持自然状态,我会强迫自己努力,因此心神不宁。换个说法就是,我的自我缺失感愈发强烈。明明保持自然才更轻松,而我却总是强己所难。不知不觉间,我已经自缚手脚,总觉得不得不这样或不得不那样。

讲笑话、活跃气氛,看起来本是一件轻松的事情,与"不得不"是两个极端,但实际上"不得不"与"放轻松"本身就是一体两面。因为在与他人共享欢乐时光时，人们能够感受到来自对方的认可，不知不觉间自己身上的"包袱"也越来越重，甚至把"哄人开心"当成了自己的义务。

现代社会，有越来越多的人患上了躁郁症[1]，或者见到别人就会产生躁郁情绪。人们之所以会患上这样的疾病，元凶之一就是人们迫切希望得到认可，于是只好察言观色、逢场作戏。

越是逢场作戏，越是过度适应，人们的自我缺失感就越强。明明应该活得更轻松，明明应该更加坦白，明明应该有自己的主见……但不知不觉间，人们习惯了压抑自己，最终也积累了巨大的压力。

我们再回头看看《菜根谭》的第193则吧。现在你应该能够读懂它的深意了吧！

打着"给对方面子"的名号隐藏自己的内心，不过

---

[1] 即双相情感障碍，是既有躁狂发作又有抑郁发作的精神障碍疾病。——译者注

是害怕被对方讨厌罢了。因为有了这个幌子,你便不会发现自己已经把自己逼得太紧了,所以危害极深。

"你"的认可和"他"的领域

下面我们来看一本和上节内容差别很大的书。当年我是在写书评时接触到了这本书。这本书很有趣,作者阪本未明是一位漫画家。这本书的书名是《女人的价值》,内容很真实,作者也有足够的洞察力。

后来我在东京的单身生活,

一开始也是很自由、很幸福的。

但不知从什么时候开始,我又被钉上了"脚镣"。

我想得到爱慕,想要谈一场普普通通的恋爱,

但男人们从来不会认真和我谈恋爱。

如果我不合他们的心意,他们就让我放弃事业。

男人总是希望,

接纳真实的自我

自己的女朋友既清纯又柔弱。

男人不就是和"玩家"一样嘛!

他们能把女朋友和"玩伴"分得很清楚,

"只爱我一个人,笨拙而纯真的女孩",

这才是他们的真心想法。

——阪本未明《女人的价值》

开头的"后来"另有隐情。原来阪本未明结婚后仍旧在画漫画,她画的女性漫画中有很多关于性的描写,所以结婚之初她被丈夫嫌弃了。

自己的妻子居然经常描写性爱情节,这让阪本未明的丈夫感到不安:"关于性爱方面的话题,最好只限于夫妻之间谈论。即便你不会出轨,也不能把这种内容展示给那么多毫不相干的人看,这会让人觉得你很轻浮!"于是,丈夫三番五次地劝她放弃画漫画。

然而,她的事业十分成功,收入也越来越高,早已比丈夫的收入高出了很多。此时,她的丈夫再也不提倡

第一章 认可之章

男女平等了,因为他的潜台词是"我的家庭地位要高一些,我就应该养一个弱势的女性"。他想要找到自己的力量感(存在价值),但他经常感到自己的实力不如对方,这就是他们夫妻不和的根本原因。夫妻俩原本和和美美,但后来摩擦越来越多,最终以离婚收场。

于是才有了"后来"——"在东京的单身生活,一开始也是很自由、很幸福的"。

这句话很重要,坂本未明只是一开始感觉自由。没离婚的时候,丈夫总是要求她放弃画漫画,或者就算坚持画画,也别老是"带颜色",这让她感到了束缚。所以离婚之后,她终于获得了自由。

"但不知从什么时候开始,我又被钉上了'脚镣'。"这也是在讲自由。其实是"自由"被钉上了"脚镣"。

"我想得到爱慕,想要谈一场普普通通的恋爱,但男人们从来不会认真和我谈恋爱。"这句话表达了她的内心又开始了挣扎。之所以内心挣扎,背后的关键词还是"自由",她想做自己喜欢的事,想要实现自我利益的最大化，并渴望实现个人价值，而这也是在试图获得他人的认可。

阪本未明写这本书的时候，其实是想要找一位能够真正理解她的男性，于是她游走在各式各样的男人之间，经历了很多。但她最终断定，世界上绝对没有能够真正理解她所思所想的男人。

或许她过于渴望得到他人的认可，而失去了"对方（你）"的认可。从第二者的角度来看，我们很难把对方看作"自己的保护对象"，或把自己当成"对方的依赖对象"。如果把"保护"当成"爱"去理解，那就根本找不到想要保护的对象了。因为在社会上，这样的人已经很强大了。

所以，即便男人非常擅长说场面话，或者对她说"我只希望你自由"，在阪本未明看来，这些男人只是希望自己的妻子保持清纯，而他们的"玩伴"自然可以保持自由。其实在"渴望第二者的认可"和"向他者展现自己从而获得自由"的两个命题之间，必然存在不能并存的区间。人们对难以两全其美的事物的渴望，以及对"不可能"的追求，都属于无理的感情。

社会促进了自我缺失感的发展

不论是来自"对方"还是"第三方"，为什么我们对"他人的认可"有着如此强烈的愿望呢？而且，如果我们过于重视"你我"的关系，为了让对方接纳自己，就一定要放弃很多和牺牲很多吗？

阪本未明不肯放弃，所以她只能离婚。但离婚的议题仅限于婚姻关系的去留取舍，广度远远不够。所以我们可以尝试举一些更广泛的例子。假如你想独自出游，可突然有人约你出去。

虽然主观上我们会想"既然是关系好的人主动找我玩，那么我们一起玩肯定很开心"，但内心深处还是会藏着些小心思，比如你本来是想一个人玩的、是想去看电影的、是想去旅游的……毕竟你也有你的计划啊！所以，若是与朋友在一起十分开心，那么我们就很难发现自己内心的这份愤懑之情。若是对方找你看电影，刚巧这部电影糟糕透顶，你积累的自我缺失感就会彻底爆发。

你可能会愤愤不平地说："明明我能做很多有意义的事，明明我自己也能玩得很开心，明明我能在家好好睡一觉……但时间全都用来看这部烂电影了。真谢谢你约我出去玩！"而对方也很委屈："可你之前不是说想看电影的吗？所以我才邀请你一起去的！"结果两人互相埋怨。

其实你只是放弃了本来的想法，为了获得对方的认可，把"小仇恨"隐藏了而已。

上文提到的"第三者的认可"，虽然拥有很强的力量，但它也改变了我们的价值观，让我们越来越闭塞。所以即便在漫画界崭露头角，也不过是众多人生价值中的一个方面，并不足以让人的内心得到满足。而且，漫画的价值真有那么高吗？如果漫画真的那么有价值，阪本未明既然在漫画界取得了成功，即便得不到来自男性的"第二方认可"也无所谓。仅靠漫画带给自己的成就感,她就足够满足了。

但这是不对的。因为世界上有很多人不了解漫画的价值,当她了解到这部分人的态度和价值观时,就会怀疑自己的价值观。

因此,在价值观完全一致的社会生活中,是不会有这种烦恼的。但在现代社会,价值观已经经历了复杂的分裂,每个人都有权发表自己的意见,这是一个充满纷争的社会……我们追求自我实现、追求自由,希望得到所有人的认可,但到头来我们失去了稳固的支持,所以才会感到不安。而正因为不安,没有依靠和支持,所以我们又会通过来自亲密关系的认可而获得支持。

在现代社会,来自第三方认可的力量不断缺失,取而代之的是来自第二方(你)的认可。因为害怕失去认可,所以人们才会对第二方过于屈服,为了得到眼前人的认可,而不断放弃自己的本心,不断积累压力。

从这个角度看,与家人相比,更符合"第三方"定义的应该是公司的同事、学校的同学或老师。但是如果用公司来举例,你在家的时候,这些同事是第三方(他),但到了公司,他们又成了第二方(你)了。

因此,我们在渴望得到类似公司之类的来自自己所属团体的认可时,我们也害怕失去来自团体中个人的认可。我们不想被人嫌弃,所以才会想尽办法,完美地掩饰自己。这个社会让我们不得不戴上伪善的面具,但面具之下是与日俱增的自我缺失感。

自我认可难以实现

下面我们再看看《经集》中收录的教导。

明明无人询问,

却常与人谈及,

自己守戒律持正义者,

仿佛与人谈论自己。

第一章　认可之章

> 智者视此等人为污秽者。
>
> ——《经集》第 782 偈

如果要在现代社会找一个与之相符的例子，那就是有些人经常跟别人提起自己为什么要宣传环保、为什么要当志愿者。他们这样做到底有什么意义呢？

要是有人问他："你是环保主义者吧？"他一定会回答："是的，我就是。"但日常对话中很难有这样的场面。当然，也没有人会突然问别人是不是志愿者。

结果，大谈特谈自己是环保主义者或者志愿者的人，几乎都不是因为有人特意问他，而是他们自己引发的话题。他们主动彰显自己："我开的是新能源车。""最近我为了省电……"

《经集》第 782 偈中提到遵守"戒律"和"正义"，因为这段话的受众主要是修行僧，所以才要说"守戒"。用现代的语言说，就是保持正义与善良。

"看我做了一件多么有意义的事啊。"一旦一个人感到骄傲，就总要找机会跟人提起。看看下面这些找话茬的例子吧。

"我是志愿者，很高尚吧。"这样的话很难说出口，于是这个人索性就说："这段时间我参加志愿活动了，认识了不少当地人，跟他们聊了很多。我遇到一个曾经遭遇过自然灾害的朋友，他的身体不太好，而我感到累了的时候，他还会鼓励我，真是太感人了。"此时，他把话题引向了志愿活动中遇到的好伙伴，这就好比诗词中的"比兴手法"，这句话间接表达了自己当上志愿者的自豪。虽然绕了几个弯，但也确实展现了自己的丰功伟绩。

直接表达自己的骄傲，这确实很难，还容易被人嘲笑。直接说"是我做的"，又害怕别人觉得自己太骄傲，所以才要说"我做这件事的同时，发生了那件事"，让对方以为自己主要想说的是"那件事"，而不是"这件事"。这就是引发话题。

对人提起自己的事迹，其实是希望别人能提到自己，所以自己先提及自己。

第一章　认可之章

《经集》第782偈中提到"智者视此等人为污秽者"。原文其实是"非圣者",也就是"肮脏的人"。

大家都知道,主动告诉别人自己做了很伟大的事,总让人觉得有些害臊。

老庄思想认为,主动谈起自己的业绩,就好像一个人开口跟人家说自己正过着践行环保理念的自然生活时,其实已经活得不够自然了。

从这个角度看,显露自己确实有点"肮脏"。这是其中一方面的解释。

其实我们也能从另一个方面去理解。直接告诉别人自己做了一件有意义的事,或者主动告诉别人自己很优秀,不过这怎么会有可信度呢?就好像我们借钱的时候,肯定不能自己给自己担保啊!

即便你告诉别人自己多伟大、多优秀,也会显得这一切都是你自己给自己的脸上贴金,没有可信度。下面换个说法。

"自己认可自己"是没有说服力,也是不成立的,所以人不可能自己支持自己。正因如此,我们才需要他者的支持。

积累印象

如果

只要想着"我是清白的",

就真的能够清清白白,

只要想着,

"我是正确的",

"我很聪明",

自己就真的正确,

真的聪明……

那么世界上哪还有那么多,

没有智慧又经常犯错的人呢?

——《经集》第881偈

第一章 认可之章

大家自然都希望自己更伟大、更有智慧。因为我们都想成为更优秀的人,也总认为自己是正确的。比如你觉得某档节目好看,你绝对不会认为自己觉得好看是错的,你会认为"我觉得好看,那就一定好看"。

再比如,市面上突然开始销售一款薄荷味的巧克力豆,这种口味前所未有,有个孩子吃了之后觉得特别好吃,就拿给妈妈品尝,并说道:"妈妈,这个可好吃了,你快尝尝。"他想,既然自己觉得好吃那肯定就好吃,但他妈妈吃完之后,或许会告诉他"薄荷味太重了,不好吃"。或者妈妈不想让孩子伤心,明明不好吃,也要说"是啊,挺好吃的"。总之,她的回答与"认同"有着密切的联系。

这就使我们经常认为自己是正确的,自己的印象绝对没有错,我觉得好吃,那就一定好吃;我觉得节目好看,那就绝对好看。于是我们积累了太多的"正确"。对于很多事情,我们都有自己的"正确"概念,而且这种概念在我们的脑海中不断积累,最终形成一种性格。但是《经集》则认为，如果我们认为自己是正确的，自己就真的正确，那么世界上就没有不正确的人，也不存在无知的人了。

反过来想，我们每个人都笃定自己是正确的，结果反而成了"所有人都是错的"，也就是说，人人都是愚人、蠢货。从《经集》的观点来看，人类的主观感受都是大脑对现实的歪曲解释，都是妄想和虚幻。有趣与无趣之争、赞成与反对之辨、关于神明是否存在的争执……一切的一切，皆为虚妄。

争论的双方各自站在擂台两边，不论哪边都不是正确的……

虽然我们相信自己是正确的，并且自己给自己支持和鼓励，但仍然不安。虽然人人支持自己的观点，但在我们的"正确"之前还要加上"大概"二字，即"我大概是正确的吧"。

我们继续回到薄荷味巧克力豆的例子。孩子跟妈妈说："妈妈，这个可好吃了。"如果妈妈说"确实好吃"，孩子就会想:"既然妈妈都说好吃,那我觉得好吃的想法绝对没错!"

小时候我们的世界里只有爸爸和妈妈,那时候只要得到他们的认可,我们就会倍感自信,但他们仅能代表全世界很少一部分人的看法。人生的艰难之处就在于,我们还需要更多人为我们担保。

他人的批评让自我肯定缺失

下面我们继续看《经集》第882偈。

愚人相互指责,

"你是错的",

虽然我听到他们如此聒噪,

但也不会说任何一方,

"掌握了真理"。

因为他们只是,

把自己的观点当作真理，

所以才会觉得别人都是愚人。

——《经集》第 882 偈

之所以要说"你是错的"，背后的潜台词其实是"我是正确的""我明明觉得很有趣""你觉得没意思，那你就是错的"。

人们喋喋不休地辩驳着，他们对一切都有不同的看法，因此也展开了无休止的争论。

普遍观点的认可

下面来看我引用的另一本书。

雅克·拉康（Jacques Lacan）是一位精神分析学家，新宫一成教授在其著作《拉康的精神分析》中引用了拉康的精神分析理论。

第一章 认可之章

> 我必须要从包括我个人在内的普遍观点,
> 看透那个真正的我。
> 从这个角度来审视自我,
> 我就是严格意义上的"他者",
> 即"大写的他者"。
> ……
> 我以我们共有的语言为视角,
> 使用了大写的他者理论,
> 探讨我存在的必然性,
> 是否能够成立。
>
> ——新宫一成《拉康的精神分析》

这段话似乎很难理解,但其实和前文的意思相近,不过是不同角度的阐述罢了。

第一章的主要观点是"自己很难支撑自己""之所以担心没有人认可自己,是因为人需要靠他人的认可来支持自己,所以只能向他人献媚,进而失去独立性"。从侧面来看，有些行为也是不得已而为之。

"真正的自我"到底是怎样的？难道我们真的能认清真实的自己吗？不，我们并不能认识真正的自己。只有"我这样想"肯定是不够的，我们必须基于"包含我在内的所有人"的普遍观点来获得认可。之所以要说"包含我"，是因为除去"我"，就是"他们"，不是"所有人"，而我们要获得的是来自"包括我在内的全体"的认可。

指望一切他者都以这个立场审视自己，或仅希望一切他者都来观察你，这都是不现实的。因此，这是一种抽象概念。当我们想说"大家都这么说"的时候，就会模模糊糊地在大脑中创造一个抽象的他者，以"大家"的视角来审视自己到底是一个怎样的人。而这正是我十分关注的一点。

拉康将这种理论称为"大他者[①]"。"大他者"中

---

① 是拉康无意识理论的中心概念，指构成人类经验和塑造自我意识的象征秩序。——编者注

第一章 认可之章

的"他者",在法语中是"autre",意思是"他者""他人""其他的",虽然与英语中的"other"接近,但首字母"a"要大写,让这个词带有更广的语义,因此要写成"Autre",所以才被译为"大他者"。

之所以要使用"大他者"理论,主要是因为人们口中的"大家",虽然指的是一般的他者,但我们对这个词的理解比较模糊,不辨真假,充满迷惑。那么通过这个高度概括的理论,我们是否能够找到我们存在的必然性呢?

"证明我的存在有必然性的条件"也就是证明,"我是否值得继续存在""我的生存是正确合理的吗"。

"一般他者能否给我们'做证'",我认为这个问题的答案关乎我们的存在,而且若是我们永远得不到这样的保证(因为我们永远不能确定一般他者如何看待我们),就必然会陷入不安。是啊,我们总会一次次地思考:"我现在过得还好吗?"也会一次次地陷入不安。

但是人们总有一种自我安慰的欲望,通过"我是这样的人"的臆断,来缓解自己的不安。就好比我正在表达自己的想法时,其实也带着"自我安慰"之欲,即我认为自己十分擅长表达。但我想把讲座的内容写成书,也还是要添加、修改部分内容。执笔之时,难免对自己的讲座内容感到不满,或认为部分内容很无聊,于是扪心自问:"我真的擅长表达吗?"这就是因"自我安慰"而生的不安。换言之,因为感到不安,所以产生了自我安慰。而一旦自我安慰之欲受到阻挠,就会又一次感到不安。

无法确信的他人认可

下面我们来认识一位有大智慧的禅僧。前几天,在曹洞宗研讨会上,南直哉禅师发表了一篇激动人心的演讲。

由于我是仅凭记忆复述的,禅师的原话或许并非如此,但我还是想跟大家分享一下禅师关于诸行无常的独特见解。

第一章　认可之章

自我存在，

　其实毫无根据。

　　这种孤立无援的感觉，

　　　即是"无常"。

　　　　　　　　——南直哉禅师语

换言之，没有什么能体现我们存在的必然性或根据，也没有人能用语言清楚地说明"是的，这就是我的生存目的"，也没有人能够永远不会被反驳，永远能安心度日。

换句话说，"大家"这个抽象的存在是否对我们完全没有任何质疑，同意我们的一切，或者给出一个足以令我们确信的根据呢？实际上这是不可能的，而且这也不是根源性的问题。这就像我在前文中提到的，"人是不能对自己说'好'的"。

动摇和变化是自然的

这一节我们来谈谈"无常"这个词。

南直哉禅师对"无常"的认知十分独特，他认为人不能自我支持，也不能把自己当成确定性的、完整的存在，应该把自己当作不能定性的且不断变化的存在——这就是"无常"的意义。确实，人生就是无常的。

无常的状态看似令人讨厌，必须克服，而且只要克服了无常，就能很快得到他人的认可，于是我们就能安然无忧了。但反过来想，我们能不能接受这种无常的状态呢？不要因讨厌无常而克服这种状态，而是要把动摇和变化当成理所当然的事。换个说法，"人的生活本就不该有什么依据""人的生活本就不需要有什么意义"。此时我们再也不会因为追求他人的认可而焦虑和苦恼了。

但这不过是一个结论，我希望各位以此为目标，同时继续向前，勇攀高峰。

第一章 认可之章

我心不动，即是安然

我们继续来看《经集》。

> 在村镇里，
>
> 遭人谩骂，
>
> 受人尊敬，
>
> 都应保持平静。
>
> 被谩骂也不失落，
>
> 受夸赞仍能心静，
>
> 丝毫不会骄傲，
>
> 宛如闲庭信步。
>
> ——《经集》第702偈

开头的"村镇"指的是人多的地方或者在人前。

到了村镇，人们很可能遭人非议、谩骂，被愚弄、攻击，但除了被否定，人们也可能受到尊敬、赞扬和认可。但不论是被否定,还是被认可,都不应该过分悲喜,也不应该受太多影响。人的心思哪怕再澄明,受褒奖自然也会欢喜,时间长了,会让人兴奋不已,觉得"我真厉害""我真伟大"。

人一旦兴奋了,身心就会紧张,会失去内心的安宁和幸福。所以想要得到安宁,就要保持我心不动。只要你笃定"我心不动"的理念,那么会让内心多少恢复宁静。

另外,相较于"内心浮沉、游移不定",多听到些让人内心宁静的话语,会让我们的内心得到成长。不过人们总是希望得到褒奖,而讨厌被批评,这就是人性使然。

不要攀比

下面我们来学习《经集》第917偈、第918偈。这些也是我很喜欢的段落。

第一章 认可之章

我的内心和外在的一切表现,

都应该以原本的形式被人认知。

但我们不得因此而有丝毫傲慢之心。

因为智者知道,

傲慢之心让人欢喜,却也让人不安。

——《经集》第 917 偈

万不可觉得,

傲慢之心让人处于优势。

也不要觉得,

自己低人一等,

或者与人平等。

不论他人如何提问,

我们的内心都不该为之所动。

——《经集》第 918 偈

首先,第 917 偈中的"我的内心和外在的一切表现,都应该以原本的形式被人认知",指的是冥想的境界。要

接纳真实的自我

求人们把自己的身体内部细分成更小的单位，仔细地感知自己。一旦人们感受到了身体内部的小宇宙，那么内与外、自己和外界的割裂感就会消失，从而达到内外一致，最终脱离"我"的认知。冥想其实是一种锻炼人们达到脱离小"我"的状态，并重新审视自我的内在与外在的方法。

人们一旦到达这个境界，就能体会到成功的喜悦，这就像我们平时做成一件事，而感到自己很了不起一样。但是，这种成就感本身就是一种傲慢。在不知不觉间，冥想成了一种成就，加强了我们的自我意识，最终反而耽误了冥想的修行。这句话的意思是，贤者和智者都知道，冥想的成就感会让人骄傲自满、喜不自胜，从而让人失去安然。

下面我们看第918偈中对"傲慢"的解释。

即便人们觉得自己很伟大，最终也会失去安然。不能因傲慢而觉得自己胜人一筹、高人一等，也不要觉得

第一章 认可之章

自己低人一等，或者与人平等。我曾经认为冥想修行不能再继续下去，于是就拿现在的自己和过去的自己相比，觉得过去的我无上荣光、状态绝佳、心思澄澈，因此现在的我感到很郁闷。

后来我发现，原来自己是带着骄傲的心态在做比较，所以才得出"不如从前"的结论，也因此才会烦恼。然而我转念一想："我还是快点恢复原来的状态吧。"于是我又开始求索，心中安然喜乐。

不论他人问你到底是处于优势还是劣势，是否与他人不分伯仲，是否与人相似，是否比以前更有长进，或者大不如前，我们都不应该因此与以往的自己比较，或者思考自己在集体中的位置。只有抛弃这种观念，我们才能感受到安然。

我们把两段偈语合在一起看，共通含义是人们常常希望自己变得更优秀，或者觉得自己比其他人、过去的自己更优秀，这种想法让人们获得了自我认同感。

接纳真实的自我

被认可无须太过喜悦

下面我们来看《菜根谭》第 172 则的节选。这是我最喜欢的一则,每当受到他人的表扬或批评而因此心绪不宁的时候,只要我在心中默念这些句子,就能找回内心的宁静。

> 我贵而人奉之,
> 奉此峨冠大带也;
> 我贱而人侮之,
> 侮此布衣草履也。
> 然则原非奉我,
> 我胡为喜?
> 原非侮我,
> 我胡为怒?
>
> ——《菜根谭》第 172 则

第一章 认可之章

"我贵而人奉之,奉此峨冠大带也"的意思是说,因为我的身份地位很高,所以人们尊敬我、奉承我。但其实他们认可我,是看到我漂亮的衣冠绶带,才对我奉承的。

既然他们并不是无条件地认可我这个人,我为什么要因此而感到欢欣鼓舞呢?倒不如说,我根本不应该因此而感到一丝欢喜。

"我贱而人侮之,侮此布衣草履也"的意思是说,我的身份地位低微,于是人们就愚弄我、轻视我。他们不认可我,其实是不认可我寒酸的衣服和破旧的草鞋。因此,他们不是无条件地贬损我,那我为什么要生气呢?或者说,我根本不应该因此而愤怒。

这段话看起来很朴实,但越想越能让人品出味道。如果我们把这段话理解成"不能单凭外在判断一个人",那么这种解释未免也太肤浅、太无趣了。

既然"外表不重要,内心更重要"的解释太肤浅,那我们就再进一步思考一下吧。

比如我们希望人们夸赞自己的穿着打扮,想让他人说自己"衣品好"。但你要想一下,他们是不是在夸奖你这个人本身?你会发现,他们夸奖的不是你,而是你的"衣品"。

那么如果有人说"你很机灵"呢?这是在表扬你本身吗?不是,因为我们也不过是偶尔机灵一回,而恰好此时人们表扬了你的行为或个性而已,要知道,你也有不够机灵的时候。

既然人家并没有表扬你本身,你为什么要那么开心呢?换言之,我们不值得把这种小事当成对自己的认可。

求不来的夸赞

那么当我们被人夸奖的时候,如何确认对方是不是在夸奖我们本身呢?下面我们做一个思维实验。

假设人人都说你的眼睛特别美,不过十年后,你的双眼已不再炯炯有神;又或者你去做飞秒[①]手术,结果手

---

① 一种微创近视手术。——译者注

术失败了，反而让你的眼睛显得怪怪的。

以前人家都说你的眼睛好看，现在眼睛变丑了，他们就离你而去，实在是太残酷了。反过来说，即便你的眼睛没那么好看，但你和对方的感情深厚，对方或许就不会跟你说"拜拜"了，毕竟你们的感情好着呢！

同样的道理，如果有人说"你长得真好看"，那他们夸赞的对象也不是你本身。体魄、身材也是如此吗？是的，因为这些都是会随着年龄而变化的特性。

那到底什么才是真正的自我？一头美丽的秀发就能代表我吗？不，等你头顶都秃了的时候就不美了。那副显得干练的眼镜能代表我吗？不，摘下眼镜你就变样了。那难道是紧致的皮肤吗？不，身体状况和紫外线都会影响皮肤的状态。那么是豪迈的个性？乐天的精神？不，人总有不开心、失落的时候，这种特性也不长久。感情、性格都会变化，这一切都在无常运转之中。

那么，我们真的有夸奖自己的资格吗？没有，绝对没有！

即便有人说"我只爱你，无条件地爱你"，那也只不过是美丽的谎言，而实际上爱你肯定是有条件、有理由的。这是终极层面的追问，不可否认的是，爱一个人一定是带有一定条件的。即便条件有明显和隐匿之分，也没有无条件的欣赏，当然也没有无条件的污蔑。

虽然我已经举了这么多例子，但还是有人认为"或许别人就是恰巧能看清真正的我呢"。那么我们举几个反例，看看什么是"看清真正的我"。

如果你把某种特性看作你的核心价值，那么不论这种特性是受到赞扬还是贬低，都能直击你的心灵。你确实能举出很多你认为重要的特性，但如果我问你，这些特性真的是永恒不变且无法取代的吗？你就会发现，这些特性也不过是你一时的特性，终究归为无常。

虽然那些都是"我的某一部分"，但毕竟不是"我"本身。这样看来，《菜根谭》的这部分内容，与佛家的"无我"理论也有一定的联系。

第一章 认可之章

被分解的事物还继续存在吗

我在这里用钢笔举例。钢笔可以被分解成许多零部件。除了笔盖,笔杆也能被分成两部分,而且钢笔里还有墨水。这样继续分解,我们还能得到钢笔本身吗?这些都是钢笔的零部件,而不是钢笔。

即便仅仅是一个零部件,也能继续拆解。比如,拧开墨囊还能拆下一个金属箍。墨水也能分解成分子,分子又能分解成原子,原子又由原子核和电子组成,而原子核由质子、中子组成,质子、中子又由夸克(基本粒子)组成,基本粒子[①]又由波弦组成。

---

① 基本粒子(Elementary particle),物理学术语,指人们认知的构成物质的最小或/及最基本的单位,是组成各种各样物体的基础,即在不改变物质属性的前提下的最小体积物质。它是组成各种各样物体的基础,且并不会因为小而断定它不是某种物质。但在夸克理论提出后,人们认识到基本粒子也有复杂的结构,故一般不提"基本粒子"这一说法。——译者注

你能说某一样东西刚好就能代表它本身吗？笔盖、笔杆和墨水——这些零部件被拆开的刹那，钢笔本身就不存在了。如果你非要说钢笔还存在，那你还能找到它吗？找不到吧！结果便是空无一物。

不要为了得到认可而自我牺牲

读过本书，各位读者除了赞叹一句"原来如此"，还应该经常反思，想想自己被表扬、受到认可时是否真的合理，是否还是真实的自己。我认为，每次我们尝试证明这一点时，都能有所收获。

智者的终极追问就是——我是谁？比如你打心底里讨厌一个人，当你经常审视他时，你应该扪心自问：自己是讨厌他的这副皮囊，还是讨厌他的内心？那么，他的内心是怎样的？如此不断分解，最终必然雾散云开。由"认可"引发的问题自然也有相应的"解药"，这部分我放在最后一章仔细讲解。

事实上，我们毕竟只是一个个弱小的存在，平时不太能达到智者层次的认知，所以还是无法支撑自己跨越障碍，因此才要寻求他人的支持。

接纳真实的自我

孤独之章

被忽视让人苦闷

本书内容是我对自己之前部分讲义的总结。之前我去做讲座,因为时间紧张只能打车,但恰逢月末的周五,一路上拥堵严重。

途中我问司机要不要走高速公路,司机说:"高速公路好像也很堵啊,要是走高速更慢,我怕您赶不上哦!"

当时我想,我跟司机虽然只有片刻的交流,但能一路同行也算有缘。既然我们是"同路人",那我就缓和下气氛,这样大家都能轻松愉快。于是我跟他开玩笑道:"原来'高速'公路,更'低速'啊!"哪怕这位司机觉得我的笑话根本不好笑,只是"哈哈""嘿嘿"地敷衍我一下也好啊,结果他根本没有理我。

我看他没有任何反应,心情便有些糟糕。我觉得有必要安慰一下自己,于是心中调侃道:"嘿嘿,人家根本不理你，真可怜呢。"这时我的脸上反而浮现出一抹微笑。

我认为，这个故事和这章的主题——"孤独"十分贴切。

被误解让人苦闷

其实就在这个故事发生的当天，我踩点赶到演讲会场的那座大楼，急急忙忙地挤进了电梯。

我从1楼上到7楼，在电梯上行的过程中，有两位女士进了电梯，可能是来听其他讲座的。其中一位女士说："你是不是经常……"另一位女士听了连连摇头，好像在说"没有、没有"。

先开口说话的女士接着说："……听我提到过这家文化中心啊？"这时候另一位女士才知道自己误解了对方的意思，显得很不好意思，于是只好边附和着说"哦哦，是嘛"，边连连点头。

我猜她们的问答隐情是这样的：第二位女士以为第一位女士问她是不是经常来这里，而她自然不希望被对方认为自己经常来，所以就连连摇头。但对方根本没准备问她这个问题，所以两人之间的气氛显得有点尴尬。

会错意、没能理解对方的意思、对方没能理解自己的想法……此时我们难免会感到不悦和局促。而且这种不悦也许经常出现。但这样的事情一旦太多，人与人的感情就会破裂，从而让我们感到越来越孤独和寂寞。

期待落空带来的孤立感

本章探讨的是"孤独"。

在进入这个稍显枯燥的主题前，我们接着前文的例子，看一场讲述误会、寂寞、孤独的玩偶剧吧！

有一天，一只一直停在老和尚肩膀上的小鸟，因为无法与和尚交流，所以感到很孤独、很寂寞。于是小鸟

接纳真实的自我

展翅飞上天空,想要找其他动物倾诉。刚飞了一会儿,就看到了另一只小动物,小鸟觉得能跟它交朋友。

那是一只小熊,名叫"熊克"。小鸟停在小熊托着的树叶上,跟小熊打招呼。

"你好啊,天可真冷!"

小鸟觉得小熊和自己一起玩,肯定特别开心。但是小熊却对它说:"不冷啊,熊克我啊,有厚实的皮毛,一点儿也不冷!"

接着,小熊扇动手里的叶子,"嗖"的一声,就把小鸟打飞了。

小鸟死死地叼住叶子,心想:"我们俩在一起,反而感觉更孤独了。"

这个故事让我们想到什么呢?我们一个人的时候觉得很孤单、很寂寞,但在现实生活中,比起独处,有时候与人相处甚至与人交流,反而会让我们感到更孤独。就比如前文中提到的我坐出租车的例子。我本想说个笑话，与对方建立联系，但我的期待并没有得到满足，因此我有了更强烈的孤独感。想必大家都有过类似的经历吧！

可怕的割裂感和疏离感

下面这句话或许大家都听过。

有一天早晨，格里高尔·萨姆沙（Gregor Samsa）从不安的睡梦中醒来，发现自己在床上变成了一只大得吓人的害虫。

——弗兰兹·卡夫卡（Franz Kafka）著，《变形记》

各位知道这是哪部小说的开头吗？

相信很多人都看过。我在上学的时候接触到了《变形记》这部小说，受它的影响，我一度立志成为德国哲学的研究者，甚至开始认真学习德语。《变形记》的作者是弗兰兹·卡夫卡，他虽然出生在捷克，但这部作品是用德语写的，书中的德语行文流畅易懂，所以老师推荐我读一读，于是我把它当成德语教科书来学习。

其中最有名的就是"早晨起来变成害虫"的情节。事实上，如果我们变成了虫子，肯定会吓得哇哇大叫。因为格里高尔变成了虫子，所以他的妹妹和父母根本认不出他，他对父母说"我是你们的儿子啊"，可惜父母根本听不懂，只是觉得这只虫子好恶心。

虽然小说的篇幅不是很长，但我无论如何也想不起结局到底是怎样的。变成虫子的男主角最后难道是被家人打死了吗？或者换了种死法？总之是死了。我只记得直到最后，家人也没发现他不见了，反而一起高高兴兴去野餐了。

这个故事的寓意是什么呢？

格里高尔明明就在家里，但根本没法跟家人交流，家人听不懂"虫语"。虽然他拼命呼喊"我是你们的儿子啊"，但父母根本听不懂，甚至毫不理会，只觉得是一阵虫鸣。

如果真的像一只虫子那样,不与任何人交流,只是在林间飞来飞去寻找食物的话,他或许根本不会感到无聊,也不会感到孤独。但是在他的思想中,已经有了"人类"的概念,他期待着家人再次接纳他,这让他备受孤独的煎熬。格里高尔完全无法传达自己的想法,他遭到了家人的排挤,直到死去的那一刻,也无人知晓。

格里高尔在绝望的深渊中孤独地死去,但他的家人却高高兴兴地去野餐了。这一情节恰恰体现了可怕的割裂感和疏离感。如果他只是一个人独自生活在森林中,就不会有孤独感,而在家庭环境中,当我们无法向他人传情达意的时候,就会感到独处时难以感受到的割裂感和疏离感。

《经集》第36偈中表示:

与他人相交,

便生出了爱念和期待。

接纳真实的自我

因为有了爱念,

才有了苦厄。

你应该看破苦厄伴随爱念而生,

去独自游荡。

好像一只直指向前的犀牛角一样。

看家人和朋友的脸色

下面我们来学习一下山竹伸二的新书,书名叫作《渴望得到认可的真相》。请看节选:

如果根本不存在社会共同的价值观,

人们就不得不努力获得来自他人的认可。

如果所有人笃定的价值观、信念和信仰都开始动摇,

那就只能通过身边人的态度,

来确认自己的行为是否正当了。

——山竹伸二著,《渴望得到认可的真相》

正如前文所述，社会共同价值观的标准是"只要这样做，就能得到社会的普遍认可"。这一标准十分稳固，很少有人能动摇它。因此，如果人们遵守社会准则，那么就会感到生活的安全感，自己的内心也能得到社会的支持，生活也会充满更多欢乐。但仅有社会的支持，人们还是不能自己支持自己。在古代，成千上万的人都能自然而然地获得这样的社会认可，农民务农、商人经商，他们已经成为社会秩序的一部分，只要按照规则生活，即便做不到自我支持，也能有一种错觉，或者表现得好像是自勉自强、深受鼓舞一样。

社会共同的价值观确实束缚了个人的自由。但很多人忘记了，正因为这种束缚，我们才得到了来自社会的支持与认可。自法国大革命以来，人们就开始幻想着，只要打破社会秩序，就能获得自由和幸福。打破社会秩序的结果就是让我们再也得不到社会的认可，这时候我们又一次认识到，原来社会的共同规范、共同价值，能让我们得到支持啊！

所以，如今我们能够拥有各种各样的价值观，也能获得让我们随心所欲的自由，而社会对此几乎不会加以干涉。但讽刺的是，我们已经完全弄丢了来自社会价值的"导盲杖"，没有所谓的"只要这样做就对了"的规则。

此时，如果我们真能自我支持，那自然无可非议。但想要做到自我支持是很困难的。因此，得不到认可的时候，我们也要想办法通过"小社会"或自己心中重要的人、家人、朋友，不断确认自己是不是能够受到他人的认可。正因为有了这样的"确认"，人们才能感受到自己受到他人的肯定，进而还要继续确认："我"是有价值的吗？"我"生活得很好吗？"我"说的都是正确的吗？能否获得来自家人和朋友等具体的人的认可，成了关乎人们前途命运的关键问题，人们也因此学会了察言观色。

从这个角度来说，曾经备受社会束缚，又不得不努力让自己符合社会价值观的要求，确实十分不自由，但如今人们已经不再关注社会的要求，转而非常在意家人、朋友等亲近之人的脸色了。这难道不是更加不自由了吗？

如今我们甚至不得不在意父母、子女或伴侣的脸色。虽然旧时代也十分重视察言观色,但现在更是变本加厉了,光是看家人的脸色还不够,还得加上朋友、熟人才可以!

"精神自给率50%"

虽然我想把本章的结论提前告诉大家,但因为我的脑海中突然闪过了这句话——"精神自给率50%",所以想先分享给大家。这句话的意思是提高精神满足度的自给率。日本粮食自给率为40%,因此很早以前就有人感到了危机。虽然精神不同于粮食,但人的精神自给率水平最好控制在50%左右。

当我受到来自家人、朋友乃至恋人的批评和否定时,也会失落和抑郁,因为我很在意他们的脸色,内心也希望得到他们的认可。这就是精神自给率不高的体现。

因此，如果精神自给率太低，那么人会活得很累。换句话说，我们为了得到他人的认可，哪怕再不想做这件事，也不得不满面堆笑地说："好的，让我来。"由于害怕被他人批评，我们还会勉强自己表现得过分亲热，完全不敢说出自己的真实想法。

如果我们与一个经常认可自己的人闹了别扭，或者很久不联系、不见面，那么我们的精神自给率就会降低，并陷入焦虑和不安中。

自认为"这样就够了"——这就是精神上的自给自足。这个百分比要是能达到50%左右，不足的部分再通过与他人的适当交流来补充就再好不过了。

我觉得，只要这样做，我们的精神生活就十分均衡了。

零依赖毫无意义

听到"提高自给率"这个概念，或许很多人都会想：

第二章 孤独之章

"是这样啊,这就是不在乎别人的语言和眼光,追求自我实现吧?""为了自给自足,努力做自己想做的事,不断提升自己。"

但是,自我实现的目的到底是什么呢?比如我之所以写书,正是因为热爱,我希望能在写作领域达到世界级水平,并因此获得社会的认可。

如果我是一名艺术家,那么我就会希望自己的作品广受好评,在一众艺术家中获得较高的评价。如果我是一名学校教师,而且是那种肯下苦功夫的人,那么我就会希望自己能符合教师的标准,并能获得社会的认可。

最终,我们还是在用某个群体的平均眼光来审视自我,希求获得认可以及支持。

若是从自给自足的角度看,那就是获得艺术家群体的支持、获得教师群体的支持、获得作家群体的支持……事实上,这样的"自我实现"与"依赖他人"完全不是一个概念。

因此,我所说的提高自给率,并不是提倡自我实现,而是在强调"无我"。至于达到这种境界的具体方法,我将在第四章中讲解,届时让我们学习如何接纳真正的自己。要学会不依靠"自我实现",不论自我实现或成或败,都与其本身无关,只要能够无条件地认可自己,那就是提高精神自给率的正确方法。

不过,正如前文所述,精神依赖为零并不能让我们更强大,与其逼迫自己变强,不如把精神自给率的标准线设定在50%。

全情投入时,"认可"与我无关

人们似乎只有一条路能走,要么通过私密之爱获得认可,要么磨炼自己进而自我实现,等到实力提高后,就能获得他人的认可。或许人们总是把精神的自给自足当作一种自我实现,但我希望各位千万不要这么想。

这里的区别不仅是获得"你"(对方)的认可,或是获得特定人群(第三方)的认可之间的区别,在对他者

第二章 孤独之章

的依赖方面,两者是共通的。

这些认可往往附带条件,特别是依赖第三方认可的自我实现,它对附带条件的要求十分强烈,而这个附带条件就是"做得好"。

作家只要认真写作就应该得到认可,写不出作品肯定没人认可,正如音乐人努力作曲就应该受到赞美,写不出好曲子,或者曾经发售了畅销的唱片,但现在连演出活动都没有,就会受到批评,还会有人说他"过气了""完蛋了"。而教师只有保持优秀教师的形象,在讲台前教书育人,才能获得周围人的认可。

我们往往会依赖这些不稳定的事物,但它们毕竟不能贯穿我们一生,为我们提供力量。而这一切的根源正是"我这个作家""我这个音乐人""我这个老师"的所谓身份需求(欲望)。"作为××让我感觉良好",这其实是一种难以实现的愿望,而我们每个人都有类似的欲望。而"不配作为××",或者诸事不顺更是家常便饭,若每每因此而感到压力,那真的不值得。

那么，依靠自我实现或爱念获得的认可应该占百分之多少呢？姑且不论占比多少，我们总需要一些完全"自产自销"的认可吧？

关于认可，我还想提出一个关键词——体验性。我们的身体能感受到认可吗？我们的大脑能感受到认可的概念吗？

当然，认可是大脑中的概念。

或许下面的例子更好理解。一位运动员全情投入地挥洒着汗水，他的运动成绩十分优异。在他全情投入的时候，认可与否跟他没有任何关系。而感受到认可时，他其实并没有全情投入，如果总是等着别人认可，那么他的脚步就会凌乱，动作也会僵硬。

我猜运动员为了在竞赛过程中保持平常心，也做了大量的练习吧。但比赛结束后，如果成绩优异，那么他们就会暂时回归自我，喜不自胜。这份喜悦既来自自己对自己的认可，更来自他人的赞赏和认可。在他们心中，喜悦渐渐变成了一种概念。

你是否发现，前后两份喜悦完全是两种状态？前一个阶段只是身体层面的充实感，但不知不觉间，我们的脑海中已经荡漾起幸福的浪花。

他人眼中的不自然

下面给大家举一个与"保持平常心"类似的关键词，那就是"自然状态"。能否保持自然状态，与我们的内心是否欢乐、充实密切相关。过于在意认可，就不能保持自然状态。过于在意他人的眼光，仍旧会让我们难以保持自然状态。

有时我们心中有千言万语，但考虑到眼前的气氛，还是选择闭口不言，或者我们本想迈着随意的步伐向前，但考虑到周围人的眼光，只好规行矩步。有时候吃面条的声音大了些，看到周围有人就赶紧收敛……我们总是在改变。

正是这些变化，让我们越来越不自然。若是我们感到自然时，身体和内心不会感到紧张，能够保持平常心，专注此刻身体的动作，保持平和的心态。同时，大脑中不会充斥着各种概念，尽量不要用各种标准来衡量自己，而是要让意识驻留体内，达到身体层面的满足。这时我们才能达到自给自足的境界。

因此，让内心驻留在身体内，不要让过多的杂念扰乱自己，才能帮助我们自给自足。所以，我先把结论告诉大家——精神自给率保持在50%左右刚刚好！

一般性规则与成长

下面我们继续学习这本《渴望得到认可的真相》。

让·皮亚杰（Jean Piaget）是发展心理学家，本书节选的这一节内容基于他的心理学实验和研究。研究人员对5岁以下的孩子进行了一次问卷调查，问题是："你觉得撒谎好吗？"结果显示，孩子们觉得对家长撒谎不好，但对其他人可以撒谎。

第二章 孤独之章

如果要对同一位家长撒谎,那大家觉得"我这次考得很好"和"猫咪比牛还大"这两个谎言,哪一个更差劲呢?

如果我们本着坦诚和自然之心,那很快就能得出答案。瞒报考试成绩,可能不会被拆穿,所以可以撒谎。但猫比牛大肯定会被拆穿,所以倒不如不撒这个谎。问卷调查的结果也印证了这一点。

但当研究人员以 7 岁以上的孩子为调查对象时,结果显示,他们普遍认为只要撒谎就是错的。

我们来看与这个实验相关的一节。

"对家长撒谎就是不好"这是个人规则,"对谁撒谎都不好"这是一般型规则,这种转变恰恰证明我们已经了解人们普遍接受的态度和反应。

——山竹伸二著,《渴望得到认可的真相》

这一节又在暗示我们什么呢?

接纳真实的自我

我们笃定"应该这样做"时，真的是从始至终想法不变的吗？只要稍微反思一下就会发现，大多数情况下我们不会这样想。但是，只要撒一次谎就会很快被对方发现，还会惹怒对方，并给自己带来麻烦，而5岁以下的孩子已经有过太多次这样的体验，对于他们而言，家长就是他们的全世界，所以绝对不能惹怒了"全世界"，久而久之，他们便养成了"绝对不能惹怒爸爸妈妈"的习惯。所以，他们认为对父母以外的人撒谎也没什么大不了的。

这样看来，半岁、一岁的小宝宝虽然不能回答问卷调查，但如果他们能好好回答问题，那么或许会说"撒谎说'猫比牛大'没关系"。

不过，我们在5岁、7岁、10岁的时候还不能理解"不想惹怒父母，就要自己约束自己"的道理，而是先入为主地持有"绝对不能惹怒父母"的观点。最终孩子们学会了察言观色，不想遭到他人否定，不想惹怒他人，也不想遭受他人的攻击，所以才开始认为撒谎不好。

一开始，孩子们只认为不能跟"惹不起的人"撒谎，随后他们便明白了，对其他人撒谎也会被攻击、受到惩罚，所以他们的个人规则变成了普遍性规则。

讲礼貌有时也让人不愉快

不过，这样想来我们要面对太多"必须""不得不""应该"了，比如"不这样就不行""你应该这样做""不能撒谎""做人要善良""不要半路插话"，等等。而且"必须""不得不"对我们的束缚越强，我们就越会"由己推人"，一旦对方违反了这些规则，我们便会轻蔑或者责难他们。自缚手脚的绳索最终又束缚了他人。

我认为，这种"应该"其实就是因为我们太在意他人的眼光，所以才会根植于我们的心中。"应该""应该那样""应该再……一点""必须这样"，这些都是我们的镣铐。最终我们失去了自然状态，也获得了惨痛的教训。

我也在为了达到精神的自给自足而努力，正因为缺乏精神自给自足的能力，我才会害怕他人对自己的评价，太过在意他人的眼光。但不得不承认，我和亲近的人交流时的态度，和面对众人时（比如讲座）的态度并不一样。

我这个人其实很幼稚，喜欢和人"打哈哈"，遇到亲近的人，就更要说笑话、"抖包袱[①]"了，要么就极尽揶揄之能事，甚至还因此把人家惹怒过。但我知道，我要是谈笑风生到忘乎所以，可能就会口无遮拦说出不得体的话，于是我在大众面前会下意识地克制自己，不要口出狂言。

说话不得体让人家觉得我这个人是个"怪人"，进而对自己造成负面影响——我之所以会这样想，其实也是"害怕世人眼光"的心理在作祟。于是我自缚手脚，觉得在人面前就应该这样，或者就应该那样。我不得不用各

[①] 指把之前设置的悬念揭出来，或把之前铺垫酝酿好的笑料关键部分说出来。——编者注

种"应该"拴住自己,这实在太痛苦了。

"应该"把我们绑得越来越紧,最后我们自己也会误以为"这就是我的自然状态"。我们关注他人的眼光,或者说我们学会了"官方"的态度,变得规规矩矩,没有棱角。而正因为我们离自然状态越来越远,才会常常感受到压力。

我们的行为举止看似彬彬有礼、规规矩矩,但越是如此,越容易给身边人带来压力,让他们感到压抑。你的彬彬有礼,在某种意义上恰是冒犯和失礼。

有的人或许不太赞成这种强调自然状态的说法。戒学、定学和慧学这"三学",讲究以戒(自我持戒)、定(注意力集中的训练)、慧(审视自己的智慧)的三位一体为基础,其中为首的"戒"其实就类似于上文说的用"应该"束缚自己、约束自己。

当然,"戒"是重点之一,但人们早已不仅仅是恪守戒律,还会崇拜那个持戒的自己,继而见到不持戒的人就会产生优越感,最终变得越来越不自然。

我也曾对持戒过于执着，经历种种过往，我才开始向学员们阐释自然的重要性，权当给自己"解毒"。

我们不妨看看释迦牟尼是如何教导弟子的。不难发现，其中有不少严厉督促弟子"应该如此""不得如此"的部分。比如《经集》第 707 偈写道："少欲，莫贪。舍弃欲望，达到无欲无求的状态，让内心回归宁静。"如果你按照这句话的要求敦促自己，心情一定会变得非常糟糕（越是耿直的人越是如此）。

因为当我们强迫自己无欲无求时，我们对获得他人认可的欲望、自我实现的欲望、获取美食的欲望，会让内心无比焦虑。扪心自问："为什么我不能更加接近无欲无求的状态？"在不断强迫自己的过程中，我们会越来越瞧不起那个平庸和懦弱的自己。越是急于求成，我们离无欲无求的状态就越远。

把无欲无求当作规则来约束自己，并能自然地践行这一要求的人自然没有问题。但是在自我约束的同时，我们也要看看这些规则是否适合自己当下的状态。

如果明知不符合自己的现状,却对自己施加高压,强迫自己"必须××",那么我们的内心便不能保持自然状态,继而焦躁不安。

要知道,即便我们发现自己还有欲望,也只需保持自然状态就够了。换言之,如果你觉得"我还是想要得到认可""我还是想要走向成功,甚至因此而焦虑",那就毫不遮掩地感受自己的欲望,觉知自己的内心即可。至于为什么要觉知,我将在后文详细说明。

过度关注自然,反而不太自然

下面我们来学习这句话,尝试理解它的内涵。

在认识到"我即自然"时,我们已经不自然了。

这是我的观点,如果你接触过老庄思想,或许还能从中嗅出"老庄气度"。

接纳真实的自我

前文我们探讨了自然状态，若你总想让自己快点回归自然状态，就会造成自我矛盾。你现在感到自己不自然，于是便强迫自己恢复自然状态，这才是最不自然的举动。

人的内心充满业障，因此会遵循一定的法则不断变化。这种变化即为"无常"。"自然"配合着"无常"变化，在自然的流转中，我们会不合时宜地想要回归自然，想要静心宁神，这样的愿望是违反法则的，所以永难实现。

因此，强迫自己回归自然，只能适得其反，倒不如彻底放松心态。如果发现自己失去了自然状态，那就坦然想想自己是不是过于在意他人的眼光了。

或许你已经发现，安心静气的秘诀就是，不要总想着成为更好的自己。既不这样做，也不那样做，遵循自然法则任由变化产生，我只静静守候。这才是佛家智慧的体现。此时无常变化已经不再是扰乱我们心神的元凶，就连变化的过程也变得更加顺畅了。

更进一步说，当沉浸在自然状态中，我们会刻意感受"我即自然"吗？会到处炫耀吗？答案当然是"不"了。

"无为"是老庄思想的核心，在这方面，他们甚至比佛教探讨得更深刻，因此非常值得我们参考。下面请看我引用的老子"和光同尘"的理论。

> 知者不言，
>
> 言者不知。
>
> 塞其兑，
>
> 闭其门，
>
> 挫其锐，
>
> 解其纷，
>
> 和其光，
>
> 同其尘，
>
> 是谓玄同。
>
> ——《道德经》第 56 章

什么样的人是孜孜不倦地追求智慧的人？老子所说的"知"与知识完全无关。他倡导的是，我们要完全舍弃知识，将自己融入自然中。这样的人绝对不会因为过于关注自己的成就或优秀表现而感到骄傲，更不会跟他人吹嘘自己。

反过来说，那些多嘴多舌、佯装自己什么都懂、成天发表自己看法的人，或者常常夸耀自己能够保持自然状态的人，绝非老子眼中的"知者"。

第三句"塞其兑"指的是堵塞视听，关上人们感知的大门。也就是说，关闭我们内心的大门，不让我们向外界发声。而且想要锉掉一个人思想上的锋芒，最好的做法就是让他变得圆滑。到那时，即便他与周围人稍有不同，也会圆滑灵巧地隐藏起来。这就是遮掩视听。

"解其纷"的纷就是"纠纷"中的"纷"，也就是指如果自己的言论、观点与他人相悖，并因此引发了一场唇枪舌剑，此时我们反而要放弃自己的一切观点。若你已经达到无为自然、心静自在的光辉境界，那么就要让这种光彩更加柔和，不要使其过于显眼。

"同其尘"要求我们不要认为自己有什么过人之处，而要把自己看作顽石和草芥，遁入寻常巷陌。把自己当作特殊的存在，就是"以自我为中心"的根源。这部分内容将在下一章讲解。不再自命不凡，让自己和他人不再有界线，这就是"玄同"。

"玄同"是老庄思想中的特殊用语，玄指的是"玄人"，即伟大的人。我与伟大荣耀归为一体，没有丝毫区别，一切都归于一统。

为什么人会依赖他者

下面我们来学习《自说经》。

> 依赖外物、他者之人，
>
> 摇摆不定。
>
> 若无依赖，

则无动摇。

无动摇，

则安心。

——《自说经》第8章第2节

前文提到过，越是要求自己"去体悟""保持自然"，越是笃定"有为思想"，你就越依赖那个根本不存在的外力，这也是一种烦恼。只有放弃有为思想，我们的内心才能自由。只要我们默默观察自己内心的自由状态，就会发生可喜的变化。

反过来说，人若是依赖那些根本不存在的外物，既想做这样，又想做那样，缺失感便会油然而生。内心常常依赖外物，便会被外物所累。但世事无常，时而顺遂，时而阻碍重重，于是我们的内心也在悲喜两端徘徊，动荡不安。只要内心动摇，我们就永远不得安宁。

那么，我们为什么会依赖这些外物呢？或许正是因为缺失感和不满足，让我们的内心失去了支持。

第一章我引用了释迦牟尼的教诲，从各种角度验证了为什么人们虽然笃定自己是正确的，也会因为没有证据能够证明自己的正确性而感到不安。

或许"总是觉得自己有错"，其实是我们大脑的一种缺陷吧？

虽然只要不再自以为是就能获得拯救，但我们的脑海深处还是藏着对"正确"的渴望。由于人们不能证明自己是正确的，因此常常处于一种好像被拷问的状态。

没有自我认可的证明

下面我们继续学习第一章引用过的《拉康的精神分析》一书中的另一章节。

只要是自我认识的主体，我们就不得不承认，自己生存的证明其实早就被抹去了。

……

而这似乎形成了一个空洞，任何人都能把它完美地填补。作为独立个体，我们其实无限接近于这样的空洞、空虚。

——新宫一成著,《拉康的精神分析》

"只要是自我认识的主体"即"只要意识到自己的存在"，我们便会对"认识自己"产生合理且普遍的欲望。换言之，我们希望被他人认定为"正确的"，并被他人接受。而所谓"正确"或许也可以表述为"被允许存在""有存在的价值"。

"我就是我，完美无缺的我。"这是我们发自内心的渴望。但是，是否真的有终极的根据，能保证我们存在的正确性呢？下面就来看看"生存的证明"具体有哪些吧。

比如，我们真的是带着父母的殷切期盼降临人间的吗？我们得到了父母的爱和祝福吗？我们是有价值的吗？

在我们出生的那一刻，生命处于原始状态，那时的我们没有智慧，自然也没有记忆，更不存在自己被爱、被祝福的铁证。"生存的终极证明"已经被剥夺了，这也属于拉康观点的一部分。

那么，我们能否有一个瞬间，即不依赖他人就能感到自己是完美的？自己是有存在价值的？只要我们还没找到生命的终极证明，这一切就不可能实现。

正因为不可能实现，我们才会对各种"堵窟窿"的"填料"产生欲望。而在这种"堵窟窿"的欲望驱使下，我们试着把这些"填料"一股脑儿地往窟窿里塞。

不论我们如何自我肯定，也没法找到自己存在价值的证明，所以只能通过他人的眼光，来确认自己是否被认可、是否被爱着、是否被重视、是否有存在意义。我们时刻都在为自己的存在搜集着证据。

但是，在我们不断与他人产生联系，寄望他们替我们"堵窟窿"的过程中，渐渐发现他们并不能真心地接纳我们。于是，我们只好一味地向这个空虚填补各种

"填料",这何尝不是一种受难呢?

压倒性的苦难

前一章我们讲解了如何以"一般他者"的观点审视自己,即"抽象的他者视角"。拉康虽提出过"大他者"理论,但他也提出过另一个比较复杂的概念,即"对象小a"。与"大他者"相比,"对象小a"更容易让我们找到自己存在价值的证明。

在对多个对象进行表述时,大写的"A"即"大他者",而小写的"a"则是"小他者"。这个术语主要表示某种物证,也就是一个人获得来自"大他者"的爱戴,从而得到了自己存在价值的证明。顺带一提,"对象小a"可以是任何事物。

这里我们举一个比较有代表性的例子。拉康曾经说过,"对象小a"甚至可以是排泄物、眼神或声音。

确实,当我们还是婴儿的时候,就已经得到了认可,你的存在被人们接纳，你也能获取充足的营养，这是不争的事实。模糊的记忆告诉我们，我们一定是被深深爱着的，否则母亲又怎会愿意含辛茹苦地养育我们长大呢？在那一瞬间，我们便发现了自己存在价值的证明。

我们摄取营养后便会产生垃圾，即排泄物。其实婴幼儿十分在意自己的排泄物，只不过因为文化上的一些禁忌，孩子们才渐渐开始对它排斥，我们的话题也就此打住。

至于眼神和声音，则可以作为人与人之间感情的象征，存留在人们的记忆碎片之中。比如眼神中是否带着善意、声音是否温柔可亲。

人只有三四岁以后才能勉强回忆起这些记忆碎片。追溯往昔，每个人都能依稀地回忆起自己曾经得到肯定的片段。

虽然我们可以让"对象小 a"为我们填补内心的空虚，让我们产生一种"我很强"的幻想，但幻想永远只是幻想，一时的安心并不等于一生的安心。久而久之，不安来袭，"窟窿"还要继续填。

安心只不过是这一瞬来、下一瞬去的东西（无常），我们终究还是要面对长久的不安（苦），也无法确定"自我"的观念（无我）。

如此反复，人们习惯了依赖外物，难以忍受孤独。无法自我支持就是"压倒性的苦难"。而我们在受难的过程中，只知道用"对象小a"来填补自己内心的无底洞。因为我们生命的依据和为我们提供这个依据的事物早就被抹去了，所以才说"我们与这样的空洞无限接近"。我想，人类的受难大抵如此。

是非判断受到他人影响

既然我们不能靠自己找到存在的依据，而且还要饱受缺失感的摧残，那么到底该如何做才能摆脱困境呢？

或许我们"应该"回归自然，或者追求真实的体验。但那些牵绊着我们的"应该""不得不""正确""错误"

等价值判断，并非与生俱来。

世界上有很多人被他人否定，也有很多人被他人肯定。我敢说，我们的一生中要遭遇几百亿次他人的眼光。而把这些经历加在一起，再除以次数就能得到一个平均值。我们可以用这个平均值来自我评价。

在我们心中似乎也存在着一双自我评价的眼睛。一旦遭遇逆境，那道锐利的目光就会告诉我们"你太失败了"。而那道目光自然不是与生俱来的。

不能顺利完成任务，或者给他人制造了麻烦的时候，就会被他人否定。长此以往，还没有等到他人的否定，我们就先学会了在脑海中"演习"，开始自我批评。而若是一切顺利，我们也会模仿他人对我们的态度，在心里表扬自己。有些事会让人开心，有些事则让人失落；有些人会夸奖我们，有些人则会否定我们，而且人和事还能排列组合，所以每个人的情况各不相同。

那么，为什么我们会产生这样的心理活动呢？这或许是因为我们能把他人的否定和肯定进行内化，能够做一些类似"演习"的行为,而这样的行为在我们自己看来,本身就值得称赞。因此,哪怕实际上对方的评价与我们的心理预期大相径庭,我们也能坦然接受。

或者我们也可以把这种心理活动解释为,事先以最大公约数的形式吸收对方的否定,再逐渐淡化伤害。如果遭遇来自三人的不同批评,自然不能全盘接受,因为这三种意见可能本身就存在矛盾。我们要整理出他们的共同点,只接受最大公约数。而且,一旦我们跟随着心中那个一直在夸奖我们的声音,努力多做一些值得让人夸赞的事,被人夸赞的概率也会大大提高。

正因为有了这一层道理,我们才会在不知不觉间记住了什么应该做、什么不该做、怎样会开心、怎样会烦恼。

但是,因为我们心中已经形成了"应该""不应该"的观念,这些观念让我们放弃了自然行为,不敢说想说的话,不敢做想做的事,从而痛苦不堪。

尽管如此,我们还是要用类似"好、坏"等人为标准来进行是非判断，也因此才会在意他人的眼光。这就是我们长大后的现实。

因此，有时候我们的表现真的很可笑。比如我们当着所有人的面摔了一跤，就会脱口而出"哎哟"，这是特意做给别人看的。若你入戏更深，即使在没有人的地方摔一跤，你也会做出一副摔惨了的样子而连连叫痛。

哪怕当场没有其他人，我们的内心也藏着一个没有实体的他人，他正在用冷冷的眼神注视着你。我们出糗的时候，其实也会跟他辩解。看来，我们真的是太在意他人的眼光了。

我们用"他人的眼光"来判断自己的善恶对错，也以此来判断他人的善恶对错，所以我们的生活才会变得越来越复杂、痛苦、不自然。

自由自在的心境

下面我们学习一下老庄思想的另一部代表著作——

《庄子》。

> 和之以天倪,
>
> 因之以曼衍,
>
> 所以穷年也。
>
> ……
>
> 是若果是也,
>
> 则是之异乎不是也亦无辩。
>
> ……
>
> 忘年忘义,
>
> 振于无竟,
>
> 故寓诸无竟。
>
> ——《庄子·齐物论》

首先,"和之"中的"之"到底指代什么?这不由令人困惑。因此我们要结合上下文来理解。

有一位善于辩驳的人说:"如果我的思想比你的正确,

第二章 孤独之章

辩论胜过了你，我就真的是正确的吗？反之，要是你胜过了我，你就是正确的吗？这肯定不对！"

"因为如果我仅凭着主观认定的正确就胜过了你，也只能证明我的口才好，而这种主观认定，并不是绝对的判断标准。如果你仅凭主观判断就胜过了我，同样只能证明你的口才好，不能证明你掌握了绝对的判断标准。"

这和前文引用的释迦牟尼的理论何其相似！我们自己所说的话还不足以作为任何事物的衡量标准。

"那么，我们再找一个人做评判，让他说说我们到底谁对？算了，这好像也不太现实。因为我们请来的第三者也有他的个人意见，如果他的意见恰巧和你的相同，就会觉得你是正确的，这样只能证明他在偏心。反之，如果他的意见和我的相同，他就会觉得我是正确的，这同样是偏袒。我们无法证明他的判断是不是正确的。换句话说，既然无法保证这位'法官'的观点是否正确，那么他的一切判决就都是无效的。"

"如果那个人刚好跟我们两个人的意见都不一样，或者他觉得我们都说错了，那么我们三个人到底谁是正确的呢？"

不论找谁来评判，哪怕对方能肯定某一方是正确的，我们仍旧会对他的判断存疑，也无法找到证明他判断正确的证据。最终还是会回到这个终极问题——到底谁是正确的？

接下来这一节解释了纷争到底是如何产生的。

第一行的"和之"，意思就是调和纷争，平息各种争端，维持人与人之间的和谐关系。对此，庄子给出的答案是："以天倪。"

如果产生争端，我们就应该从更高的境界，好比从天空中俯视自己的内心。即端居九天，倪视下界。目光无限远，自然有其客观性，带着这样的客观性去观察事物，我们的态度也会发生改变。"哦，发生这种事了呀。""看来只是一些小争执呢。""A和B各有道理，但没有对错之分。"

接着，当我们拥有了天倪的视角，也就能达到"所

第二章 孤独之章

以年穷也"的状态。我们的心境已经十分安然,这种安然的"副作用"就是尽享天年、健康长寿。在这之后,我们也将朝着下一个阶段迈进。

"是若果是也"中的"是"表示正确。如果我们肯定某一方是绝对正确的,这种带有傲慢意味的"正确",和后文中的"不是"有区别吗?当然没有,这种傲慢的正确本身就是错误的。当我们执着"正确"的时候,恰恰是在犯错,这多么讽刺啊!因此庄子教导我们要先放下对正确的执着。

对此,庄子给出的答案是:"亦无辩。"

庄子告诉我们,人不能傲慢地区分是非对错。从佛教心理学的角度来说,"我是正确的"其实是一种自我辩解,而这种想法也会为我们带来烦恼,当我们感到烦恼的时候,自我辩解也会变得越来越无足轻重。

"忘义"指的是善恶判断,即忘记了如何判断善恶和正误。"无竟"指的是没有边际、没有穷尽。心思自由自在地徜徉在无边无际的虚空,就是最后一句"故寓诸无竟"所描述的状态。

伪善的假面

下面请大家从与他人的争论,转向自己的内心斗争,同样要利用"天倪"的观点来进行自我审视。

我以前很懦弱(现在也没好多少),甚至不会主动挂别人的电话。我每次去朋友家玩,总是迟迟找不到离开的理由。虽然我脑子里想的是"现在不早了,我得回家了",但又担心自己要是这么早就说要回家,是不是太伤人了?

为什么我不敢主动挂电话呢?因为我怕对方话还没说完,我就把电话挂了。我一定要等到对方说"那我先挂了哦"之后,我才敢挂电话,真是傻得可爱!

每当这种时候,我的内心必然要经历一场斗争。我内心的一个声音说"挂就对了""挂了反而轻松""你累不累呀",但又有一个声音告诉我"这样做很没礼貌""不行""不能挂"。

不过这张伪善的面具下隐藏着的是对被孤立的恐惧，我害怕得不到对方的认可，我害怕得罪对方，被对方讨厌。

于是，心中的"真心话"和"伪善"展开了激烈的论战。"挂人电话没礼貌，千万别这样做"这种人情世故似的义务感正是一张额头上刻着"正义"二字的伪善面具，这张面具告诉我们"不能挂电话"，所以我们理所应当地认为"对啊，是不能挂"。于是我们变得不够自然了！

我们在强迫自己做出最让自己痛苦的选择。但是这样的选择真能成全对方吗？我看不一定……而且很多情况下确实如此。

我们应该以"天倪"之姿，审视这种内心挣扎。我们不需要关心这两个选项到底孰是孰非，只要保持端居云上、但见他人凡俗事的心态，感叹一句"啊，看来这两种观点，的确要争出一个高下呢"就够了。

接纳真实的自我

微笑的距离

既然"对不起他……"不过是一种伪善的感情，那我们就可以把它当成负面的感情吗？

进一步说，我们认定了这是负面感情，就会尽力排斥，感觉自己好像正义的英雄。起初我们一直戴着正义的面具，如今才知道自己正是那个大恶人，于是我们决心和罪恶决战到底，结果又想再次戴上正义的面具。再之后，又有人说："这次你确实站在了正义的一方，但你的所作所为对我来说难道就不是恶吗？"此时你的心态又变了。"对啊！原来这也是作恶！我与罪恶势不两立！"你又摇身一变，成了正义的英雄。于是，我们心中的正义英雄上演着俄罗斯套娃一样的戏码。

所以，即使人们学会了反省自己从前的所作所为，不再执着自己心目中的正确，却也会主动化身正义的英雄，打击往日那个罪恶的自己。"我现在已经学会反省了，所以此刻的我就是正确的"——看来我们还是没能逃脱"正确"的束缚啊!

不要总想成为正义的英雄,而是要"以天倪"之姿审视自己,或者来个"振于无竟"吧!若能从更加高远的视角来审视自己,你就会发现,你心中的"正误之争"其实掀不起什么风浪,都是无足轻重的小事。

对是非善恶应该采取不言说、不判断的态度,不评论谁是邪恶的,只用温柔的眼神审视自己,理解自己此刻的想法就够了。这就是所谓的"天倪之姿",即对是非善恶不妄加判断,只用中立的眼光审视内心的态度。

让我们从中立、务实的视角发挥"念"的作用吧!不评论、不自扰、不对立,告诉自己:"是的。我害怕被人讨厌,所以不敢先挂电话,不挂就不挂吧!"从更高、更远的天际,带着微笑俯瞰一切吧!端居高远,俯瞰自身,无比快慰,哪怕看到的是那个没出息但足够现实的自己。带着微笑,接纳那个真实、怯弱、朴实无华的自己吧。

从一个令你快慰的距离,含笑审视自己,或许你的内心满是污泥,但只要让那道柔和的"觉知之光"照耀在污泥上，你就会看到污泥中盛开的莲花。而这个比喻，几乎被佛教的所有宗派沿用。"污泥中开出莲花"——真是太奇妙了！这就好比污秽、令人厌恶的感情渐渐消融，最终化为温和含蓄的感情。

真正的平和

下面要介绍的这位是我十分敬仰的人，本书也引用了他作品中的语句。

我觉得日文版书名翻译得有些微妙——《让你心态平和的禅宗生活》。"让你心态平和……"多少显得有些牵强附会，再看原书名"Creating True Peace"，其实翻译成《创造真正的和平》才更简单易懂。

想要觉醒天资，

想要唤醒自己内心的佛性，

我们并不需要脱离，

甚至扼杀兽性。

而是要笑对自己的兽性，

带着悲悯回忆自己内心的种种劣性就够了。

……

你的兽性和佛性其实都能和平共存。

——一行禅师著，《让你心态平和的禅宗生活》

修行虽然能让我们自觉自悟提高资质，但我们也会再次受到攻击，被贪欲、傲慢、嫉妒侵扰，仿佛深陷淤泥，更会产生放弃的情绪。

一行禅师告诉我们，有时候我们会被心中的兽性吞噬，需要想办法脱离兽性的束缚，最好的方法并不是持利刃斩杀兽性。由此可见，一行禅师真正达到了由内而外非暴力的境界。

当我们手持利剑斩杀心中的兽性时，其实就已经再次戴上了正义的面具，堕落成一位狂徒。正如前文所述，我希望各位化面具为"天倪"，带着微笑和怜爱，端居遥远的天际审视自己。或许我们可以换一个说法,即以高远的视角,温柔地观照自己内心的负面情绪,敞开怀抱,报以微笑。

我们应该微笑面对内心斗争中的"大反派",或者说"兽性",任由它们在我们的内心安家,这样它们就会变得如同被驯服的狮子一般温顺。其实我们内心的天使和魔鬼一直在斗争。但要知道,在战争中,不论谁胜谁负,双方很可能都会受伤。

若是我们能够对它们微笑、给它们归宿、让它们和解、与它们亲近、给它们陪伴……对我来说,这就像"驯服"一股泥浆般的能量,并把它吸入体内一样。

哪怕是面对那些在我们心中凝固、变得坚硬无比的感情,我们也应该完完整整地接受,"原来我也受了不少苦啊",并且要用觉知之光点化这种感情,让心中的寒冰消融。这是一种心情豁然开朗的感觉,你将会感觉到内心的激战已经停止,自己与自己和解,彻底放松,惟余温柔,随即精神为之一振。淤泥中开出莲花,其实也是一种能量转换的方式呢!

有些情绪看似消极,但只要改变发力的方向,就会变成积极的能量,为我们保驾护航。而能够驱使负能量向正能量转变(无常)的正是真实直白的"觉知"。

无条件接受

不知道大家是否已经理解了这种感觉?或许你现在还是不能完全掌握?又或许你已经开始焦虑,因为自己完全没搞懂。看来你还是被"他者的最大公约数"束缚住了。从这些"大他者"的眼神中,你读出了责难。

虽然并没有一个具体的人责难你,但你心里的那个"他者"还是要惩罚你。此刻它正用冰冷的眼神盯着你,而你早已经被他吓傻了。于是,你迫切地希望处理这种焦躁的心情,但这又谈何容易?如果真的把它处理了,你的心里还剩下什么呢?最后只会剩下一具散发着恶臭的尸体以及内心交战的紧张感和冲突。

千万不要这样做!如果你感到焦虑,那就要从更高、更远的角度来看。把自己当成一位老神仙,俯瞰人间——原来人类都这么焦虑啊!他们的内心还真是乱糟糟的!人类真是可怜、辛苦啊!当你这样想时,就好像真有一位老神仙在遥远的另一个世界,带着充满同情的微笑看着我们。他不会否定焦虑,而是给焦虑一个"家",坦然接受一切。这就是世界上独一无二的"无条件的接受"。

为什么"无条件的接受"和我之前为各位介绍的"有条件的接受"存在这么大的区别?只因"无条件的接受"不需要满足任何条件,只要微笑和接受即可。

我们之间是"你我"二者的关系,我们可以让这种关系尽量不附带条件,而且越是不附带条件,我们的关系就会越好。但不论这份关系如何理想化,最终总要靠某些条件来维系。你和我,是两人之间的关系,我们之所以能互相接受,其中必然夹杂着"只要你是××的,我就能接受你"的条件,想要排除一切条件几乎是不可能的。

所以我们要学会操控自己的内心,以天倪之姿,面带微笑地、无条件地敞开怀抱给对方一个归宿,无条件地倾听对方的心声。

虽然有些时候,别人未必能完全接受我们,比如在交流的过程中,对方突然插了一嘴,但至少我们不能自己打断自己。也就是说,我们与人交流的时候,不能中途做判断、给意见,比如"还是这样好""这可不行""不能太焦躁""要更积极一些"……而要从始至终觉知、倾听自己的心声。

这就是唯一"无条件的接受",或许这就是人类最渴望的精神吧。

给孤独安个家

为什么要给孤独安个家?我们可以参考拉康的理论,即人类不可能自己支持自己。我们的内心也不允许我们

接纳真实的自我

给自己的存在下定论。我们的内心总有一个缺口,我们越是想填补它,就越会自责——这也不对,那也不对,最后徒增痛苦。我们其实迫切希望能够脱离这种痛苦,迫切希望被人接受,迫切想要听到一句"你这样已经很好了"。

当我们产生喜悦、放松等积极的情绪时,其实很容易达到"当下心安"的状态。好状态自然容易得到自己的认可。

但是,我们必须认识到,这和获得他人对自己的认可是一样的,总得凑齐各种条件,也就是说只有在状态好的时候,我们才会认可自己。因此,一旦你的所作所为令自己感到不满,最好去练习一下如何"无条件接受"。

焦躁的时候、妒忌的时候、骄傲自满的时候、困惑无助的时候……不论何时都要接纳并守护这个迷醉癫狂的自己。练习"觉知"的本质,就是让我们学会接纳自己。端居高远之处,面带微笑自嘲一句"我现在可真糊涂……",给自己的迷醉安个家。"平静祥和"其实是我们内心最渴望的东西,也是我们生活中最难得到的东西,而接纳则能让我们获得平静,而且我们内心的自给自足率也得到了提高。

其实这就好比种田,即便播撒完种子,也不可能一天就能收获粮食。希望大家明白,我所说的接纳和"爱自己"或"取悦自己"完全不同。自爱的情感色彩太过浓烈,或者说已经饱和了、满溢了,甚至让人迷醉。自爱无以复加,也无须增加。

自爱显得太刻意,不如站在中立的立场,只是微笑和接纳,只是给你的情绪留一个空间。这样就够了,这样就好了。

不需要"为了积极而积极",默默无声,眉眼带笑,安居当下,让心里的"坏小孩"安静下来。

接纳一切,当下心安,你心里的小孩或许曾经是个淘气包,但如今他已经为你做出了改变,今后也会为了你努力发挥他的作用。

接纳真实的自我

所以，当你遭遇逆境感到焦虑，就好像格里高尔"清早起床，发现自己变成了一只大得吓人的害虫"一样孤立无援的时候，请先不要驱散这种孤立感。这种孤立感，或者说刺痛感本不需要消除，我们应该坦然接受，给它们一个空间，然后告诉自己："前因后果莫非此理，此刻的我一定是感到孤独了呢！"

于是，你的周围充满了温暖的气息。这份温暖并非无中生有，它源于你的焦虑，是你给了焦虑一个"家"，它才化作了涓涓暖流。这不正是淤泥中盛放的一朵莲花吗？

交流过剩导致的孤独感

下面我们来学习《经集》第37偈。第37偈的前后文都提到了"如犀角般独自前行"，文中强调这个意象，好像要给我们洗脑一样。下面就来看看这段。

第二章 孤独之章

> 那些牵绊过剩的人,
>
> 往往都是被朋友、亲人的感情束缚了内心,
>
> 才会失去了自己的大义。
>
> 而看透了人与人牵绊的人,
>
> 则选择孤独前行。
>
> 他们好像犀牛角一样,
>
> 独自游荡。
>
> ——《经集》第 37 偈

现代人总喜欢跟他人建立联系,他们依赖他人,所以精神自给率才会如此低。他们的精神自给率大概只有 5%,另外的 95% 全都要从外界获得。于是他们疯狂地寻找"对象小 a",同时也因此失去了自己生活的方向,感到万分痛苦。

我们其实可以把"孤独前行"简单理解为"一方面能把自己化入尘世中,与人们和睦相处,但另一方面还能留出 50% 的内心世界给自己"。当然,自给率 60%、

70%，或者40%都没问题，用现代比较流行的说法就是"可控范围内的孤独"。

本章开篇举了格里高尔的例子，他就是与现代"可控范围内的孤独"背道而驰，备受孤独感和孤立感折磨的人。而且一旦与他人沟通不畅，这份痛苦就会加倍。

我们其实都被"体恤对方""不能伤害对方"的思想束缚，我们注意每句话的细节，在网上有一搭没一搭地与人聊天，我们越是想要跟人建立联系，就越会发现自己和他人并不能互相理解，我们所有人都像格里高尔一样"清早起床，发现自己变成了害虫。白天是虫子，晚上也是虫子，没人听得懂我在说什么"。看来我们确实是交流过剩了，在寻寻觅觅的过程中，我们被孤立，也失去了归宿。

提高自给率的"心灵农业"

为了获得他人的认可，我们与世界建立联系，然后陷入了深深的孤独境地。这么看来，倒不如不去建立联系，任由世界孤立我，不对他人抱太大希望，反而能治好我们的孤独感。

换句话说，"孤独前行，宛如犀牛角般自由游荡"，这就是在提高自己的精神自给率。而其中的关键在于，不要过度依赖他人的认可或自我实现来换取认可，而是要无条件地接受真实的自己。

所以当你感到焦虑时，只要承认自己正在焦虑就够了，而不是否定它。同样，失去斗志的时候，也不要强迫自己振作精神，只要发现自己缺乏斗志，然后坦然面对就够了。当然，喜悦的时候也要觉知并接受这份喜悦；放松的时候，也要觉知并接受自己放松的心情。放下是非善恶的主观判断，只是无条件地接纳一切。

只有我们的内心永远觉知、守望、认可自己，我们的安全感和幸福感才能自给自足。别人不会发现我们内心如此微小的变化，也不会接受这种变化。

与自己的内心建立联系，让觉知的光辉照耀我们的心海，此刻我们的精神自给率也就得到了保障。同时，如果我们能主动审视自己安宁的内心世界，那么这份觉知的力量便足以融化内心的寒冰。渐渐地，我们的内心世界就会变得更加美好。与自己的内心沟通吧！从此我们就再也不需要过于关注第二者、第三者的眼光了。

当然，持续保持关注是很难的，我们也会经历各种挫折。此时我们也可以适度从他人或自我实现中获得认可，偶尔心疼自己一下。

不过从外界获取认可的比例一定要尽量少一些。这样我们就能在与世界保持联系的同时，维持一定的孤立状态了。我也正走在不断失败、不断试错的修行路上。

本章提出了"精神自给率50%"的理论，最后希望大家在面对孤立时，努力提高精神自给率，搞好"心灵农业"。

接 纳 真 实 的 自 我

第三章

渴爱之章

不合心意让人愤怒

本章的主题"渴爱"是一个佛教用语，我希望看了本章大家能打开心结。

所谓"渴爱"，即我们作为生命保护自己的欲望。渴爱也是一种冲动，它表现为我们永远把生存放在第一位，除此之外的任何事物都能牺牲。我认为佛教给了我们一个剖析"我本位思想"的机会，它好像一把手术刀，将"我本位思想"割开了一条缝。

在人际关系中，如果我们能够正视自己的内心，就会发现相较于其他人和动物来说，还是我们自己更重要。

这里我举一个例子。如果有人拜托你买东西，你好不容易买到了，结果他还对你挑三拣四："你买的这是什么呀？真难看！"此时你一定被气得不轻："你说要，我就买了。你怎么还有脸挑样式呢？我好不容易买到的，爱要不要!"

下面我们做个思维实验。我们先暂时脱离自己的立场,和对方交换立场。假如我们以对方的身份生活了几十年,而"我"确实拜托了眼前这位朋友("你")帮忙买东西,但"你"买回来的东西太难看了。

交换立场前,你的想法是"如果我是你,我绝对不会有这么多抱怨",因此你觉得对方也应该这样想,如果他和你的想法不同,那错的一定是他。这就是你发怒的原因。

你走过了你的几十年人生,这让你觉得你不会对这类事抱怨,但若你也经历了他经历的一切,和他遭遇了同样的状况,你还能大言不惭地说"我不生气"吗?

可能在他的世界中,"对方没能按照自己说的做,也不了解自己的喜好"是很失礼的。也就是说,只要结果没能达到他心中的标准,哪怕花再多时间和精力,最终也只能让人不满和愤慨。这就是他的傲慢之处。

这种人总喜欢用自己的规矩约束别人,而且一直如此，让他们接受不同的标准简直比登天还难。所以，如果让他站在体谅他人的立场上想问题，那很遗憾，他才不会根据对方的性格做出合理的反应，只会抱怨特意给他买东西的人。

你可以试着这样想："他的抱怨是不得已的行为，他只能这样做。"这样想或许你就不会生气，反而能接受了呢？我们因对方的行为而发怒，其实也不过是觉得自己的想法应该优先于对方的想法罢了。换句话说，我们认为自己的世界观优先于对方的世界观。

最爱我自己

下面我再来举几个例子。我们的伴侣、恋人……不对，或许用普通朋友来举例更贴切。你的一位朋友现在很缺钱，这个月他的资金周转不开，于是他对你说："我要是月底还凑不到 1000 万日元（约 49 万元人民币），生意就做不下去了，求求你了，借我点钱吧！"我觉得应该

◢ 接纳真实的自我

不会有很多人能一下子拿出这么多钱借给别人吧？但假设你平时习惯攒钱，现在手里刚好有这么多钱。

如果你把这 1000 万日元都借给他，那么你就一分钱都不剩了，连晚饭也没法解决。正常来说，恐怕你会告诉他"哎呀，这可有点难办了"。从某种意义上来说，这个回答没什么问题。

"说什么借啊，多见外，这 1000 万日元你就拿走吧！"恐怕很少有人会这么说吧？哪怕是钱多到花不完的人，也不会这么冲动的。

我们的选择从某种意义上来说确实合理，但这背后还有一个底层逻辑——我比你更重要。如果你发自内心地觉得对方比自己重要，比自己有价值，那么你一定不会把自己的地位排在对方之前，而是一切为对方着想，更关心对方。

但是包括我在内，大家一般都会觉得自己更重要。从某种程度上来说，我们天生就有优先权，所以哪怕对方跟你的关系再亲密，你也不会轻易答应他这种"狮子大开口"的请求。

"自己更重要"的思想并不仅表现在人际关系中，这种思想也不仅限于人与人之间，我们人类以其他动物为食，直至今日也没停止捕猎活动，而这背后同样有着"动物的生命不如人类的生命宝贵"的理念做支撑。如果家里进来了一只脏兮兮的蟑螂，你肯定会想尽办法把它干掉。因为在我们的思想中，蟑螂的死活肯定不能与人相比，所以你才会毫不犹豫地干掉它。

一旦发现屋子里进了蚊子，当你按下电蚊香等杀虫用品的开关时，或许也会想："屋里有蚊子，晚上会睡不踏实，被咬一下还特别痒……"只因为担心睡不好，怕被咬一下，就要让对方（蚊子）以命相抵，而无须考虑对方的感受，这自然也是因为你更爱你自己啊！

为什么要"以我为主"

下面我出个智力题考考大家。

"为什么我们会认为自己比他人和动物更重要、更宝贵、更有价值呢?"

大家可以考虑几秒,但请务必按照自己的心意回答。

答案就是"我就是我",仅此而已。从某种意义上来说,这或许算不上是一个答案,但我们确实应该这样回答。

"我就是我"这句话看似重复,但道理确实如此。我认为,人们只因为"我就是我"这个看似不成理由的理由,就把自己放在了第一位。

下面我来具体解释。

我们只能通过自己的肉眼观察世界,不能依靠他人的眼睛认识世界。同样的道理,我们只能用自己的耳朵倾听,而且只有进入我们耳朵的声音才是能被感知的。我们也只能感受到自己身体的触觉,只能用自己的大脑思考。

除此之外,我们就只能猜测对方大概是这么想、或许有这样的感觉。所以我们只能感受到自己的感受，而无法真正地感受到他人大脑中的感受。

我们在认知过程中，只有靠亲眼所见、亲耳所闻、独立思考，才能形成自我认知。对于他人的想法，我们只能通过想象"他大概是这样想的吧"，除此之外别无他法。

这六个感知器官得到的信息不断刺激着我们，带给我们快感或不快，我们也会用这些刺激来滋养内心。心灵营养源于感知器官，而感知器官的主人正是我们自己，因此"我"才是内心状态的决定性因素。

这种认知体系只会在我们自己的身体运行，因为有了这个前提条件，所以我们才会觉得自己比万事万物更重要，除我之外一切都无足轻重。

不能完全依靠自己的"眼镜"

所以，答案就是这么不着调。就因为这么不着调的理由，我们才会一切以自己为第一位。换个说法就是："'我'就是认知的中心。"这是认知论告诉我们的事实。而这背后存在论的错觉却仍旧蠢蠢欲动，它欺骗着我们，把这句话牵强附会地理解为"我很重要"。

我们每个人想得都很简单，那就是"我在感知这个世界，而且我只能通过自己的身体和内心去感知，所以我很重要"。是的，就是因为这种不着调的理由，我们才会如此爱自己。

不论我们想要认知什么事物，都要先戴上自己的"眼镜"。我们无法认知与自己无关的人、与自己无关的事物，或者与自己无关的情境。

我们对任何事物的评价、区分都基于"我"喜欢、"我"不喜欢，或者"我"不置可否。

我们用食品举例。比如对于青花鱼，我们大致就有"喜欢"、"不喜欢"和"一般"这三种感觉。我小时候很爱吃青花鱼，只要看到餐桌上有青花鱼就很开心。但对青花鱼过敏的人吃了青花鱼便会浑身发痒，那么他们看到青花鱼，反而会很不愉快。素食主义者或许干脆不会把青花鱼看作一种食物。所以我们只能根据个人情况做出评价。

下面我们来看看人际关系中的例子。我们在与人交往的时候，一般会如何评价对方呢？

其实这和对于食物的"喜欢""不喜欢""不置可否"十分相似，大致可以分为三类，即"朋友""敌人""无关紧要的人"。其中，那些支持我们、鼓励我们、给我们送礼物的人，或者长相和性格令我们喜欢的人，都被我们强行归类到"朋友"，而这背后自然是我们的渴爱之心在推波助澜。换句话说，我们通过五感甚至思想，自动把那些能让我们感到快乐的人归为"朋友"的类别。

相反，那些批评我们、不顺从我们的人，或者单纯是声音和长相不讨我们喜欢的人，则会让我们产生不快的情绪，因此我们会自动把他们归类为"敌人"。哪怕对方苦口婆心地劝你，只要他带了点攻击性，你可能也会暂时把他归类为"敌人"。

不过，从世界范围来看，我们的敌人和朋友其实并不多，绝大多数人和我们没什么关系。地球上居住着70多亿人，他们中的绝大多数对我们来说都无关紧要，根本无法进入我们的认知范围。因为他们根本不会给我们带来快乐或不快的刺激。

喜欢、不喜欢，若两者皆非即可无视。我们不能原原本本地接受真实的世界，而是要加上"好""坏""无关"的主观评价，因此我们无法看清真实的世界。当我们去掉"我认为"的滤镜，就会发现世界上本不存在无条件的喜欢。没有那种能喜欢所有人的理想化人格。

就算真的有符合我们理想的人，他也会被那些曾经从他身上感受到不快的人憎恶。我们能受到一部分人的爱戴，也会被另一部分人讨厌，这是无法逃避的事实。而且世界上有70多亿跟我们毫无关系的人，同样道理，我们对于那70多亿人来说，也是可有可无的存在。将心比心，你我皆如是。

要是真的把"我认为"的眼镜摘下来，你就会发现，其实世界上真的不存在什么"喜欢"和"讨厌"。"喜欢"和"讨厌"并不在我们眼前的世界中,它们只不过是我们大脑中的妄想罢了。

贪欲、嗔恚与无知

喜欢、讨厌和无关这三色眼镜,或许可以用"贪欲"、"嗔恚"和"无知"三种心态来对应,而且这样也比较便于理解。

"贪欲"就是贪婪的欲望,那是对舒适事物的无休止的追求。"嗔恚"就是趋利避害,想把一切让自己痛苦的事物驱散、打倒、击破。"无知"就是毫不关心甚至忘却那些与自己无关的东西。

通常来说,我们对事物只能产生这三种认知。换个更加戏剧性的说法就是,我们以身为牢,把各种事物关进牢狱,但每间牢房的玻璃窗都是不同颜色的。

我们只能通过有色眼镜认识世界,而且看到的事物有且只有三种颜色，即"喜欢""不喜欢""与我无关"。

人只因"我就是我"，所以处处以我为主，只要我高兴就好。要是不合自己的心意，哪怕伤害别人，让别人痛苦，也在所不惜。

我就是我，我就是牢狱。那么如何让自己的意识突破这座牢狱呢？这部分内容我将在总结部分与大家分享，现在我只希望大家知道"我就是我"其实根本不算什么道理！

跟着感觉走

下面我们来学习《相应部经典·六处篇》中的一段话。

>圣多闻佛弟子，
>
>受乐受，
>
>不为贪缚，

第三章 渴爱之章

受苦受,

不为乐缚。

——《相应部经典·六处篇》

这就是很有名的"第二箭"的比喻。普通人一旦获得"乐受",即令人愉悦的快感,会希望多次体验快感,便产生了欲望,于是我们被贪念束缚。而当我们受苦,即感到不快时,因为讨厌痛苦,便产生了怒的情绪,此时我们又会被厌恶感束缚。

如果说痛苦是扎入心中的第一支箭,那么由苦生怒,则会令痛苦加倍,这是人人都明白的道理。这就好像感冒嗓子痛的时候,越是喊疼,嗓子反而越难受。

或者,当我们感到快乐(此时快乐成了第一支箭),而又想要更多快乐,被欲望束缚时,就相当于又被射了第二支箭……为了满足欲望急功近利时,大多数人都会感觉更加痛苦。

凡夫俗子往往在被射中"快乐"或"不快"的第一

支箭后，还会被射中第二支箭。而智者被射中第一支箭时，会感到快乐，会受到刺激，但他们不会奢望更多的快乐，也不会因此感到焦虑，因为这一份快乐已经让他们满足了。哪怕感到痛苦，他们也不会排斥痛苦或寻找逃避的方式，而是坦然接受，因为这不过是痛苦的感觉罢了。

这段经文要表达的意思是，"苦是射向我们的第一箭，我们不能因为厌恶痛苦而对它做出更进一步的反应"。即便肉体层面中了第一箭，智者也不会让自己的内心受第二箭。

这部分内容内涵丰富，信息量巨大，但本章只从"渴爱"的角度来分析。

下面假设我们希望自己的工作能受到外界的好评。对方评价或许是出于客观（真实状况）的考虑，比如"鼓励他一下，他今后应该会更努力吧""如果只说缺点，他会气馁的，总之这次还是夸夸他吧"。

而真实的情况是，我们根本不了解对方的意图。但得到好评时，我们会感受到快乐的刺激，这就是因为我们戴上了"渴爱"的眼镜。而当我们听到对方的一席话后，也不会仅仅在乎语言信息本身，而是会加入自己的观点，一定要听到自己想听的内容，以及符合自己欲望、理想、追求的内容。这样做的坏处是，当我们听到令人舒心的评价时，就会被快感冲昏头脑，而失去客观判断的能力，并且自己浑然不知，还觉得深受鼓舞。

另外，遭遇痛苦的时候，我们还会感到对方说的话不合时宜，让人心情不爽，或者觉得对方很没礼貌、狂妄自大。

我们评论他人的语言时，从声音层面上来说没有什么好坏之分。但也能让对方感受到快乐或不快的刺激，从而让他们喜悦或愤怒。

我举一个有关"扫兴"的例子。比如我的房间里没放东西，因为对我来说空空荡荡反而令我感到舒适和愉快。但突然有一位客人说："房间这么空，你不会感到寂宽吗？"此时我就会觉得他的这句话多少有点扫兴了。

空房间本身并无好坏。我却不能接受这个现实，而一定要把"空荡荡"和"快乐"联系在一起，所以渐渐地开始处理房间里的摆设，但我的家人却因此感到不快，所以他们想方设法来装饰我的屋子，我们甚至为此产生过矛盾。

如果我能摘掉"我认为"的有色眼镜，只是坦然接受这种现象，改正自己的做法，痛苦和焦躁就都会消失。

"我认为"的产生，其实和欲望、愤怒、厌恶感的产生有着紧密的联系。因此，我们也可以说对"乐受"没有追求的态度，以及对"苦受"没有逃避的心境的本质，其实就是去除"我认为"的滤镜，认知真实的世界。

世界本身是充满各种色彩的，仅靠有色眼镜观察世界，能见到的颜色毕竟有限，那些绚丽动人的颜色也会因有色眼镜而显得黯淡了不少。有些只有你能看到的事物正等着你发现，摘掉有色眼镜，能让你看到更真实、更纯粹的世界。

正见的意思是正确地看待事物并明辨是非吗？其实不然，这里的"正"代表的是原原本本。

正见就是不被自己的滤镜影响，看透事物的本质。面对从外界输入的各种感觉，我们或喜不自胜地继续追求，或心生厌恶拼命排斥，但不论如何，我们与真实都相去甚远。只有抑制住追求或排斥的冲动，我们才能越来越接近真实。

觉知自己，理解自己

那么我们具体要怎么做呢？这属于认知论的范畴。

提到如何认识事物，你是否会想起前文中提到的"人只能依靠自己认知事物"呢？我们当然不能通过朋友的大脑认识事物，或者像是前文举过的几个例子，比如"好心好意买了东西，反而要被你抱怨""那是因为你买的东西完全不符合我的心意啊"……发生争执的时候，我们其实并没有认清事实——对方只能通过他自己的视角看待问题,他生活在他的世界,而这正是发生争执的原因。

虽然我们无法直接观察到别人所处的世界,但至少可以去理解自己认知的世界。因为我们是通过自己的感官来获得认知的,所以自然能去理解自己的感觉。

我们的眼睛能看到这个世界,耳朵能听到各种声音,舌头能尝到各种味道,身体能感受到各种触觉,时而感觉舒适,时而感觉不快。有时候我们想"今天真不想工作啊",这种想法自然来自我们的内心,所以我们一定能理解,也一定能觉知到。

只要你去留意自己的眼、耳、鼻、舌、身体、意识,你就会发现这些感觉有时候是痛苦的,有时候是快乐的,有时候又是中性的,无关苦乐悲喜。

尝试理解自己、觉知自己,就是八正道中的"正念",即正确地觉知自己。当然,不只是觉知自己,"念"也有记忆、永不忘记、持续感知的含义。简而言之就是关注、审视此时此刻自己的感觉,并让它清晰地留存在记忆中。

理解自己时，我们或许会发现"我现在很痛苦""我现在很开心""我既不痛苦也不欢乐"。觉知到以上状态之后，请你以苦为苦，不要试图淡化这种感觉。如果感到快乐，也只要做到觉察就够了。渐渐地，不快和快乐都不会让我们的内心反应过度，佛教将逐渐接近这种状态的过程称为"中道"。

但人们还是讨厌痛苦，更希望尽量避免陷入这种状态。不快会把我们的内心拉向厌恶的深渊，而快乐则会让我们心浮气躁。

我的寺庙招了一个兼职员工帮忙，有一次也不知道是谁送了他一点好吃的，我也尝了，确实好吃。那天我们一起边喝茶边品尝那份点心，他笑嘻嘻地跟我说："师傅，送我们点心的那家人都是好人啊！"我觉得他这句话说得真有意思。

仔细想想，许多人都是这么想的。如果你要拜访一个关系没那么亲近的人，肯定想要提升好感度，所以会带点礼物，或者带点好吃的送给人家。

如果礼物送得恰到好处，对方会下意识觉得你这个人很不错。既然满足了对方的口腹之欲，对方便会对你产生好感。让人心情舒畅、说的话比较中听、擅长夸奖、乐意倾听，哪怕只是身体接触时触感不错，对于我们来说，这些都是快乐的感觉，即"乐受"。而且，只要对方能多给你一些"乐受"，你就会觉得对方人品不错，值得交朋友。

但是，万一那个给我们带点心的人，回到家里横行霸道地打爹骂娘呢？"快乐→欲望""不快→厌恶"，看来我们还是被机械的反应支配了。

世界上本不存在所谓的好人，好人一说不过是满足了我们的"渴爱"之心罢了。再比如一个人被别人揍了一顿，他会给对方贴上一个"暴徒"的标签，所以他把"暴徒"给实体化了，但对于那些没有挨揍的人来说，这个"暴徒"的实体就不存在。为什么呢？因为这位暴徒或许还请他人吃了点心呢！在吃到点心的人看来，人家是个大好人。

没有纯粹的好人、废物、暴徒,只有从被打者角度看到的暴徒,从拿到点心之人的角度看到的好人。

这个理论不仅适用于人与人之间,也适用于万事万物。世界上本不存在漂亮的画和拙劣的画,只有"A 觉得漂亮的画"和"B 觉得拙劣的画"。世界上也不存在好工作和坏工作,只有"某人觉得好的工作"和"某人觉得不好的工作"。因此,如果我们能从逻辑角度仔细研究这些实体化的概念,就不难发现我们的设想并不存在。只要明白了这一点,你就会明白"无我"、"无常"和"空"的概念。

"脏净""善恶""爱憎"等概念并不存在,它们是我们大脑中扭曲的梦幻泡影而非实体。明白这个道理,我们就不会心血来潮地喜欢谁或者讨厌谁了。没有了喜欢和讨厌的幻影,我们的内心才能获得宁静。

接纳真实的自我

看见真实

有些人看不到真实的世界，他们被情感驱使做出了错误的判断，被自己心目中的好人背叛。或者某个你不是很讨厌的人，有一天突然说了你的坏话，从此你就开始特别讨厌他。

待人接物时产生的痛苦会让我们变得扭曲，强行去创造一个很讨厌的人。而有时候我们又会因为快乐的情绪，强行去创造一个好人。我们应该经常关注、觉知自己是否正在犯类似的错误。只有这样做，你才能放弃那些扭曲的概念。"啊，原来我只是在渴望'快感'的刺激，我面前的这个人未必真是个好人。"

换句话说，就是压制对"心情愉悦（乐受）"的贪欲，或压制对"痛苦（苦受）"的愤恨。

那么我们要如何压制呢？正如前文所述，把这种感情视为"恶"，采取有为的态度强行制止肯定是行不通的。我们的内心是易碎品，即便心里想着"这是不好的感情，一定要尽快排解"，也会被负能量严重影响，而不能泰然处之。

因此我们的内心也需要"轻拿轻放"。守护这颗心，不要让它过于勉强，应该接受真实的自己，审视真实的自己，保持自然状态。这部分内容在前一章已经详细说明了。

人类本身就是讨厌痛苦的，而且当讨厌的人对我们挑三拣四时，我们会大发雷霆。但我们不应该认为愤怒是一种罪恶，继而强行制止，而是要坦然面对自己正在愤怒的事实。说得更细致一些就是，一旦你的内心感到痛苦，你只要自己对自己说："哎呀，我现在火冒三丈了。""你好呀，愤怒。"既不压制，也不忍让，只是接受。

"是这样呀，原来我在发怒啊！"只有秉持接纳的态度，我们才能深入理解自己的内心。当我们真正接受一切的时候，内心的怒火也会逐渐平息。

克制愤怒，强行熄灭怒火确实有效，但效果只是暂时的，并没有疗愈内心的效果。在一定的条件下，你又会和他人发生矛盾，瞬间怒火重燃，觉得对方太无礼、太跋扈，这哪能治愈内心呢？它只是延后了我们发怒的时间而已。

要知道，正是因为他人的无礼你才会愤怒，内心才会感到痛苦。或者由于愤怒，你感到自己受到伤害，也只要对自己说"你好啊，伤痛""哈喽，小伤口"。真真切切地感受这份痛苦，去聆听它的低语吧！

就像这样，让我们把伤痛的信息原原本本地传递给大脑，这样大脑才能发出治愈伤痛的指令，并开始行动。

所以我们一定要承认自己受伤了，也要了解自己的懦弱。

就拿我最近的经历举例吧。我跟一位朋友闹掰了，他趁我不在的时候和别人说我的坏话。当我知道这件事的时候，感到十分气愤。我和他说："你仅凭自己的观点就对我说三道四，如果从我的角度看，那肯定是不一样的！你用你的观点批评我、贬损我，这太不公平了！我不能原谅！"

此时我如此愤怒，根本没法接受自己的脆弱，反而以强势的态度告诉对方："错的是你，我问心无愧。"

但是，在我摆事实、讲道理的强势态度下，其实潜藏着那颗受到伤害的脆弱之心。"你说我的坏话，难道你真的很讨厌我吗……"这才是我的真心话。

换言之，正因为我的内心还带着几分幼稚（或者说是骄傲），期待对方"可以讨厌我，但至少不要说我的坏话"，所以才会受到伤害。但是我不敢直面自己的脆弱和伤口，反而用强硬的态度试图攻击对方。

所以觉知真实的自己，并不只是给自己找个生气的理由，更不是文过饰非，而是要觉知那个潜藏在内心深处的弱小、丑陋、可怜却又无比真实的自己，这才是治愈心灵的关键。

用柔和的观照之光点亮懦弱而真实的自己，告诉自己："啊，是的。我害怕被人孤立、被人讨厌，而且我是在用愤怒掩盖自己的伤口啊。"

接受自己的脆弱，接受真实的自己，在这个过程中，伤口会逐渐愈合，愤怒也会逐渐平息。但要注意，接受真实的自己，往往会让我们陷入挑自己刺的怪圈，因此需要强大的定力。

领悟信号

每个人都有些以自我为中心，我们只能靠自己的眼睛观察世界，如果别人让我们感觉不好，就会十分愤怒。直到某个瞬间，我们发现愤怒已经让自己痛苦不堪，才会想办法处理自己的愤怒情绪。

因为愤怒，所以失眠，或许此时我们才想到要应对愤怒。如果我们能早一点感受到愤怒的弊端，感受到自己的压抑和痛苦，肯定早就开始处理自己的愤怒情绪了。或者你回到家后就开始发怒，并且越想越生气。总之，只要加上"不快"的滤镜，我们总能感受到自己的痛苦，并开始想方设法改变现状。

除非痛苦成为某种契机，我们便不会产生摆脱痛苦的想法，因此我认为痛苦本身就是一种重要且值得关注的信号。

以自我为中心会让我们产生一种强烈的情绪，比如"那个人居然敢骗我，不可原谅"，当我们带着极强的主观性看待事物的时候，很难发现自己正感到痛苦。有时我们只是一时之间感受不到，而有时却一直被自己蒙蔽。

有时候只需1秒，我们就能发现"啊，我应该感受一下此刻的痛苦"，但有时候过了半小时，我们还在想"真是太可恨了，我早晚要报复回去"，直到这时才会想到"是时候该做点什么了"。有时候我们也可以带着当下的感情，多给自己一些时间用来自我审视。

不论如何，当我们感到痛苦的时候，就是寻求改变的转折点。越是迟钝的人，也就越晚发现自己正处于痛苦中。如果主动练习，让内心更加敏感，我们也就能更早且更容易发现自己正在痛苦中挣扎。

如果你有呼吸冥想的习惯，想必平时也能觉知到自己的呼吸吧？如果这样的话，我们就可以把呼吸急促、闭塞感当作不快的信号。如果你感到痛苦，那就把它当成治愈内心、摆脱痛苦状态的契机。

我认为"四圣谛"是对这种疗愈内心过程的简略总结。"四圣谛（四种神圣的真理）"中的第一谛——"苦谛"，就是指人们要经历生老病死，因此我们一生中不可能永远与喜乐相伴，必须经历苦难和不顺，而生活的本质就是"苦"本身。"苦"从古至今都没有变。

这就是"一切皆苦"。或许很多人对此并不赞成，他们认为人生也有很多乐趣。但要知道，"苦"在西方常被翻译成"unsatisfactory"，意思是"不满足"。内心常怀不满，让人产生渴爱之心，也让人不断追求"好上加好"。

比如因为还没找到理想中的伴侣，于是我们开始努力寻找。但找到伴侣之后，也只是一时的欢愉，之后一定又会产生新的不满。此时我们开始觉得，对方所做的一切都是应该的，而对方做得稍有不足时我们就会感到不满,还愤愤不平地想:"难道世界上就没有一个更理解我的人了吗?"

又或者我们觉得没有成功的事业也没有得到他人的赏识,于是渴爱之心泛滥,经过一番努力,终于获得了成就和赞赏,但很快内心就习惯了这种刺激,进而追求更大的刺激,最终还是不满足。

世界上有许多人靠着不满足的力量获得成功,但最后他们只换来了痛苦。"满足一次就够了"这种陈词滥调不过是他们对"自虐"的辩解罢了。

看来,大脑总是希望我们得到快乐和满足,但最终我们还是会回到不满足的状态。换言之,"追求满足,最终绝难满足",我们好像在玩一种受虐的游戏。我们小时候经常把这种永远无法通关的游戏叫"垃圾游戏","一切皆苦"换句话说就是"我们终其一生都会处于不满之中,永远都在玩'垃圾游戏'。"

"一切皆苦"的真正意义其实是"所有因渴爱之心产生的意志,都是痛苦"。我们被渴爱牵绊,不论多么努力进取，最后都会回到不满足的状态。既然我们懂这个道理，是不是就会对这种"渴爱游戏"失去兴趣了呢？是的，参悟痛苦可以帮助我们净化内心，远离渴爱。

因为我的修行还远远不够，所以有时候也会想"这方面要再完善一些""我想得到他的认可"，而陷入毫无意义的纠结。

同时，我也能觉知自己的不满足（即痛苦），开始自我疗愈，希望摆脱痛苦。从这个角度来看，痛苦或许才是教会我世间正道的良师，因为从痛苦中我学会了太多太多。

我们首先应该了解，人生本身就是痛苦的，就好比一场由不满足支配的抽签游戏。接下来我们才能学习"集谛"（正式说法是"苦集圣谛"），这一真理能让我们了解痛苦的根源。其实道理很简单，痛苦的根源就是"渴爱"。我们这一章的中心也正是"渴爱"。

认识痛苦的根源

所谓渴爱,即追求自己喜欢的事物,搜集让自己感到舒适的东西。而此时,我们也会设法驱散不适的感觉和阻碍。

人类就是永远不满足,永远想要得到更多快乐,同时减少痛苦,一边搜集一边破坏。这就是痛苦的根源。①苦谛:当下的痛苦=发现自己并不满足;②集苦:发现自己痛苦的原因就是渴爱。先要发现自己正在受苦,之后再去了解自己的痛苦源于何种渴爱。

比如"他背叛了我,做得太绝了",或者"我要怎么报复他""我要怎么表现给他看,让他知道事情的严重性呢"。总之,我希望你能醒悟,渴爱的思维只会让我们感到更加不满、更加失落、更加痛苦。

渴爱思维让我们习惯苛责对方,究其原因,我们只是为了减少自己的不快,但实际上这种思维反而让我们更痛苦。有时候我们就是很傻,而且理解总是出现偏差,所以才会被渴爱束缚，继而痛苦、失眠、茶饭不思，却总是要把渴爱当成正常现象。

当你发现这一点的时候，也许会感叹："唉，这种思维方式确实让人痛苦！""渴爱真是折磨人啊！"换句话说，我希望各位认识到一切痛苦的根源都是渴爱。

心中常怀中立观点

如果内心一直处于快感之中，是很难做到自我审视的。心情愉快到极致时，会由于太过兴奋而无法冷静地审视自我。另外，如果我们的内心被不愉快的感情侵蚀，同样会因为过于兴奋而不能做到自我审视。

所以我们的内心应该保持中立状态，既非快乐，也非不快，这样才能更好地自我审视。

或许你会认为，当我们的心中涌入不快的情感时，就不可能保持中立。但是，保持中立地审视内心确实大有裨益，而且实施起来并没有那么困难。比如你合上一本书走出家门,就请你专注于脚下的每一步,同时审视自己的内心世界。走路时的感觉必然是中立的,所以只要把身体动起来的感觉牢记于心,就一定能够冷静地审视自己的内心。古代的哲人经常边走路边畅谈哲学,或许他们也是为了培养这种中庸思想吧。

如果你比较擅长冥想,就可以试着觉知自己的呼吸,呼吸时我们的情感应该是淡然且中立的,所以等到其他快乐或不快的情绪进入内心时,我们也能不受影响、冷静地审视自己了。

每个人都有自己的兴趣和特长,所以我们肯定能找到轻松获得中立感的方式。喜欢爬山的人可以试着在爬山时自我审视,擅长游泳的人可以边游泳边自我审视。

如果你能通过觉知呼吸来获得中立感,那么就可以审视自己是不是已经被渴爱思维束缚了。比如"下次我一定要这样写,让你知道我的厉害",这就是一种渴爱思维。

当我们产生了这些负面情绪的时候,其实已经陷入痛苦的泥潭了。如果你被对方背叛，内心受到伤害，就此打住就够了。若是翻来覆去地想这件事，我们就会像前文提到的"两支箭"的故事一样，任由第二支箭贯穿心脏。因为我们有着保护自己、以我为主的冲动，所以才想去报复那个伤害过自己的人，殊不知这其实就是持箭自戕。报复心会反馈到我们的身体，让我们胃痛、胸闷、呼吸困难、脸色苍白。

此时此刻，我们的痛苦全都源于心中鼓动的渴爱。虽然我们已经把类似的想法当成正常现象，但要知道这种想法本身也是一种渴爱，是痛苦的根源。

此时或许我们并不需要谈什么"苦谛"，甚至也不需要提到"渴爱"。

只要确保表示的内容相近即可，语言只不过是一种符号，并没有那么多讲究。我认为更浅显的词汇才更符合我们的认知，所以我想试着换种说法。

比如我们在散步的时候，可以微微合上双眼，感受自己的呼吸。当我们找到思想中的中立感时，就可以对自己喃喃自语道:"复仇的心理真让人痛苦啊!"或者"愤怒的情绪真是折磨人啊"!"痛苦的原因就是我的愤怒啊"!

等我们进一步分析,得出"痛苦的原因是渴爱"的时候,我们几乎就已经可以开始自我疗愈了。而如果只知道痛苦的原因,采取拒绝和否定的态度,我们就会产生心理压力。于是,我们又会觉得自己的想法不对,想要消除这些想法或者尽力排解,但这其实也是一种自缚手脚的行为。

前一刻我们抱怨他人"这人真是太坏了!我饶不了他",但等到夜深人静,我们气得睡不着觉的时候,又会开始琢磨"快别想这些消极的事情了",此时愤怒的"发动机"已经熄火,我们只会感到心灰意冷。再之后,或许我们还是不想饶了对方,因为觉得对方太过分了,此时我们气血上涌,又开始了新一轮的口诛笔伐,翻来覆去地思考"为什么他要背叛我"。

渴爱的背后是痛苦

分析出痛苦的原因之后，我们可能会开始思索如何把这个原因（也就是想法、渴爱）压制下去，或者干脆清除。换言之，就是压抑自己、抹杀自己的情感。但你要知道，用"打拳击"的方法是无法拆解感情的定时炸弹的。因此，我们才要保持平和的心态，去接受、认同自己的情感。

更进一步说，你应该对自己怀着一颗慈悲之心，而这也是我接下来要探讨的主题。你应该用温柔的目光审视痛苦的原因，再治愈自己的痛苦，告诉自己"我好痛苦、好可怜、好压抑"。

讲完"集谛"之后，我们来学习"灭谛"，即灭除痛苦的真相。"真相"这个词虽然不太常用，但这里要表达的意思就是灭除痛苦。这里说的"灭"不仅有"消灭""灭除"的意思，其实还可以理解为"治愈"。或者说把痛苦转换成能量，用更柔和的手段治愈内心。

因此,我希望大家不要忘记,"灭谛"中的"灭"其实代表着治愈内心、能量转换的真理,它是一个更柔和、更有温度的词。

比如,当你的内心翻涌起报复的火焰时,就可以先深呼吸,然后向自己温柔地倾诉"是的,正是因为我有这样的想法,才会感到痛苦"。

等你认识到"这种想法才是痛苦的根源"时,就要想方设法去接受它、倾听它。如果你想要接受,就要先学会找到心理关键词,比如"报复心"。你可以试着跟它说:"你好啊,报复心,你也很难受吧?""你来了呀,报复心,过得还好吗?辛苦你了。"

每个人都不只是现在痛苦,过去也必然经历过痛苦的时刻。或许此时你已经记起:"是的,仔细想想,小时候我也遭遇过类似的痛苦。这就好像少年(少女)的烦恼一样呢。"或者"我真是一路吃苦到现在啊"。

这样看来,痛苦真的不是我们的敌人,倒像是我们的故乡。那些埋藏在我们内心中的痛苦,变成了我们的业障，它现在只是变了个形态，又一次出现在我们的面前而已。所以，既然你和痛苦久别重逢，那又何尝不能道一句别来无恙呢？它们一直埋藏在我们的内心深处，只不过是之前一段时间没有露面而已。因此，请你带着慈悲心，对它们说："哎呀，又和你见面了，痛苦。""你好啊，痛苦，你看起来有点不开心呢。"

只要这样做，你的那份因厌恶痛苦而产生的报复心也会得到平息。或者当你纠结选 A 还是选 B，内心痛苦的时候，也可以对自己说："哎呀，纠结也是一种痛苦呢！你好啊，纠结！""好久不见了，疲惫，你最近还好吗？""原来你就是疲惫啊，我知道啦。"接受的力量能让我们迷茫、痛苦的心绪逐渐得到平复，并得到治愈。

保持冷静就够了

我并不是一定要让大家用人类的语言和痛苦的原因

第三章　渴爱之章

沟通。毕竟，想要做到不以痛苦为恶，停止一切判断和价值评价，不带感情色彩地观察和倾听其实是很难的。

不带任何感情色彩地接受一切，可以叫作"舍"。其中的关键就在于平静、冷静的态度。

不妄下定论，只关注"现在的状态"这种纯粹的信息，通过大脑反馈和觉知形成自净的力量。如果向大脑输入了多余的信息，比如"这是不好的""这种感觉应该被消灭"，大脑就会处于兴奋状态，从而难以发挥觉知的作用。

人们很难达到不夹杂私心，原原本本接受一切的境界，也很难保持冷静和客观，因此常常会做出毫无必要的评价和判断。为了中和这些评价和判断，我建议大家先以温和的态度，对自己的各种情绪报以微笑，并和它们打招呼。

有时候，打招呼仅仅是为了表示关切，并没有夹杂真情实感。或者至少能让我们不再厌恶自己的（不良）情绪。大家不妨试着跟它们打个招呼，不要对自己的感情太过粗鲁，更不能对它们暴力相向，而是要拥抱它们、倾听它们。这样或许我们就能保持中立、平和的眼光了。

这样做的好处还有很多。比如平复内心的暴力情绪，让我们原原本本地接受外界带给我们的感受，而不去主观臆断，强行歪曲。

除了"你好"，我们或许也可以试试"哈喽"，毕竟"哈喽"显得更加轻松、活泼，也许这样可以让我们的内心更加温柔、明朗。当你经历痛苦时，请对自己道一句："哈喽，痛苦，好久不见！"

顺带一提，"哈喽，痛苦"其实是我对长渕刚[1]的《哈喽悲伤》的模仿，我初中的时候非常喜欢这首歌。多年之后，当我再次听到这首歌时，竟然发现自己越听越入迷。

"哈喽悲伤！哈喽！好久不见。哈喽痛苦！哈喽让你

---

[1] 日本民谣之王，歌手兼演员。——译者注

久等。你从我的眼前消失后,即使在雨夜也能沐浴月光,我与朋友彻夜狂欢,电话铃响起,那是下一场邀约……但是再欢乐的聚会终究会散场。朋友的表情开始变得模糊,他们离我而去,我只能拼命追赶。我们好像排在大商场门前的队伍一般行进。我忘乎所以,得意扬扬……"我的耳边仿佛响起了口琴和吉他的旋律。

这首歌听起来有些伤感,而这首歌的歌词让我想到很多事情。它教会我以"哈喽,痛苦,你还好吗"的心态接受痛苦和悲伤,同时不断净化负能量,并将其转换成正能量。

让自己慢下来,花些时间感受自己的呼吸,首先承认"是的,我现在很痛苦",然后带着微笑接受这一切。

接下来我们来学习前文提到的"我本位思想"以及"敌我关系"。

虽然我说尽量不要以自我为中心,不要扭曲眼前的世界,但我们还是很难改变歪曲的习惯,而且总喜欢把世界上的人分成"朋友、敌人、无关紧要的人"。就连佛教也分为很多类,而所有派别都强调慈悲,我也希望大家能把慈悲心作为掌握我本位思想的关键。

领会含义

现在让我们闭上眼睛,试着想象眼前有很多人。这些人就像我们自己一样,也会有烦躁、不安、悲伤、痛苦、哀伤、苦楚的情绪,他们是在苦难重重的人生长河中泅渡的可怜人。

所有人都是如此,正如佛家所言的"一切皆苦"。普天之下,谁又不是可怜人呢?

假设眼前有 100 人排队。请你试着把自己排在第 101 位。而且要记住,你也有烦恼和痛苦,是个自私傲慢的人。在此,让我们再想一想"为什么要以自己为优先"。也就是说,为什么在这 101 个人中,最优先考虑自己。理由很不着调——"我就是我"。下面我们就来寻求具有突破性的答案。

第三章 渴爱之章

请你闭上眼睛,然后随机排列另 100 个人。想象自己站在第 101 位。现在,你的意识已经和那个想象中的自己同化,也许你会觉得那个想象中的自己是最重要、最宝贵的。但同时,你也可以站在 101 人之外的视角审视一切。接下来就请你模仿前文中提到的"天倪"之姿,把自己想象成一个充满善意的第三者或者一个与这 101 人毫无关系、保持中立的观察者。

此时我们就好像端居云端或天际,鸟瞰这 101 个人一样。这个正在审视众生的你,已经是第 102 个人了。如果你觉得"云端"这个词太夸张了,很难想象,就试着想象一下在玻璃房里有 101 个人,然后从房间外面的稍微高一点的地方往下看。

我们正从玻璃房的外部审视第 101 个人(众人中的"我"),哪怕第 101 人是一个愚笨、自私、傲慢的人,也许其他 100 个人也同样自私和傲慢。从这层意义上来说,他们都是值得怜悯的。

我们的内心总是被困在自己的身体里,所以只能以

"我"的视角来看待事物。但如果我们能创造出一种独立与自我的意识，就能从自己以外的角度来审视自己，甚至能把自己当成陌生人一样客观地看待。

如果我们能不再关注自己的好恶，而是以纯理性的观点自我审视，或许我们也不会再把自己放在第一位了吧？

当我们不再"以我为主"的时候，是否会感到一丝轻松？退一步说，即便还是不太轻松，那至少心情也会舒畅一些吧？

那是因为一味地"以我为主"看似轻松，但实际上，这是在不断给自己施压，让自己的思维越来越固化。不再以我为主，放下执着，我们的内心也会变得温柔许多，不会再被"渴爱"之心迷惑。

我认为，这种感觉更类似于幸福感和愉悦感。可是，一提到"修行"，你可能还是会觉得很辛苦，甚至心生厌恶。

我建议大家可以试着把别人和自己放在同等的位置

上，将心比心地考虑他人的感受。这也是一种修行或训练。而且，当你理性地看待自己时，你就会明白"以我为主"是错误的，并且也会开始改正这个错误。

虽然我在书中大言不惭地这么说了，但我做事还是秉持"以我为主"的态度。在进行冥想的时候，我可以从这种状态中暂时摆脱出来，但当我回到日常生活中，还是会优先考虑自己。

只要按照以上的方法进行训练，就能缓解内心的压力。如果你能反复练习，并能真正做到与他人对调身份，把自己想象成"第三者"，并扪心自问"我们真的有以自己为优先的现实依据吗"。你就会发现，这样的依据根本不存在。久而久之，你的心态就会发生变化。

接受、拥抱万物

下面我们来学习《经集》中关于慈悲的内容。

接纳真实的自我

你要学着像母亲给予

孩子生命

并守护他成长一样,

对世间万物

抱有无限的慈悲之心。

——《经集》第 149 偈

现在我们经常能看到有关虐待孩子的报道,甚至有人会怀疑,如今这个社会还有母亲会奋不顾身地保护自己的孩子吗?请你想象一个理想的母亲形象,不是现实中我们的母亲或者别人的母亲,这样你是不是就能明白我的意思了?我希望你参考一下心中那个母亲的形象,那个会无限包容我们、温柔的母亲,她必然存在于我们的心中。

关于慈悲,首先要明白一点,不论是心乱如麻而感到不幸的人,还是内心揣着稳稳幸福的人,都是值得享受幸福的。同时,不论是我们看得到的人,还是看不到的人，都应该是幸福的。近在眼前的人和远在天边的人，也都应该是幸福的。世上的众生，以及即将诞生的万物，也都应该是幸福的。哪怕是见到你憎恨的人，你也不要想着报复。换句话说，不要攻击那些你讨厌的对象，他们都应该得到幸福。

然后才是"你要学着像母亲给予孩子生命并守护他成长一样，对世间万物抱有无限的慈悲之心"。再之后，你就要对自己的"前后、上下、左右"都怀有慈悲之心。不论行走、站立、端坐，还是躺卧，都应该时时刻刻抱有慈悲心。我在吃饭前会按照这个顺序，怀着慈悲心做一次冥想。之所以要选在吃饭前，是为了强制自己每天练习。然而家人看我迟迟不动筷子，甚至还会批评我呢！

此时我们要先认识到"大、中、小、远、近"的真正含义，以及我们心中"大小、远近、爱憎"概念的区别，再打破它们之间概念上的区别。最后只剩下远近，而且只要领悟了远近的概念，就能涵盖一切。

大和小不过是我们个人的概念，当我们意识到了大、中、小的概念，就能发现世界上既有狮子、鲸这类庞然大物，也有比我们个头和力气大一些的人类，还有比我们矮小的孩子和可爱的婴儿，甚至还有鼹鼠、飞鼠等小动物，再小一些的还有蟋蟀、蜣螂、鼠妇等，更小的就是微生物了……就比如纳豆菌吧，我明明知道把它顺着下水道冲走，它就死定了，但今天还是照冲不误。看来我还是做不到连纳豆菌都要拯救啊！不过我还是会通过冥想来感受世间万物的生命，尽量以温柔的情感对待它们。我就是按照这样的顺序觉知各种生物，并对他们展现慈悲之心的。

当然我不会无视自己，因为我也是慈悲的对象。比如，当我祝福年轻人、老年人和即将诞生的新生命时，也会根据自己的年龄，把自己包含在内。我觉得这样做就够了。从"大、中、小"的角度冥想时，我们可以把自己归类为"中"，对自己施以慈悲。

或许你的幸福指数每天都在发生变化，因此会这样想：

首先，既然我们祝福了幸福、不幸、心烦意乱、人生失意的人，那么如果我们当时也处于心烦意乱的状态，或正在经历不幸，那么当然也可以连同自己在内一并祝福。

我们不仅要对他人慈悲，也要对万事万物慈悲，如果把我们自己排除在外，显然是不公平，甚至是不合逻辑的。嘴里说着"万事万物"，却把自己排除在外，这是有违常理的，所以一定要把自己算进去哦！

当我们觉知众生、幸福和不幸时，一定要明白，自己也是那众生万物的一分子。

在我们练习温柔地对待自己的同时，也要学会慢慢理解自己和他人的区别其实没有那么大。虽然不久之后我们可能会退步，但只要持之以恒，内心终究会变得更加温柔热诚。

关于培养慈悲之心的秘诀，我建议大家回忆一下前文中提到的母亲怀抱婴儿的意象。拥抱痛苦，拥抱欢乐，拥抱自己，进而接纳自己。如果你已经感受到这一切，也能把这份温柔带给自己，你的内心就一定能够得到安宁。其实我也正在努力学会拥抱自己，虽然我还在实践中，但已经深深感受到了接纳自己的重要性。

想要达到这种境界，我们先要打好基础——平等地看待自己和其他生物，让自己变得更加温柔。

养成慈悲心

我们在前文中探讨苦谛、集谛和灭谛时，我曾经表示发现自己身处痛苦中时，这份痛苦便会引导我的内心发生转变。痛苦既是我们的老师，也是一种信号。痛苦本身就是一种治愈。

另外，慈悲冥想也能帮助我们感受到他人的痛苦，对他人施以慈悲和怜悯，进而产生慈悲之念和同情之心。同时，要想对自己产生同情心，自然也少不了觉知自己的痛苦，这部分内容我将在第四章的末尾详细介绍。

我们可以将痛苦分为三个种类,即"苦苦"、"坏苦"和"行苦"。

所谓"苦苦",就是单纯、直接的痛苦,也就是肉体层面的痛苦。对于这种单纯的痛苦,或者正在遭遇这种痛苦的人,除非确实是心理扭曲,否则我们绝对不会有类似"难受就去死啊""再难受也是活该"的想法。所以,我们很容易同情有这类遭遇的人,或许这就是练习慈悲的初级课程吧。

比如我们看到难民,一般都会觉得他们很可怜。而比这种程度的痛苦更高一个层次的苦叫作"坏苦"。我们可以描绘这样一幅场景,有个人陡然而富,于是四处挥霍,过上了花天酒地的生活。从大脑的主观感受来看,他确实很快乐,但快乐过后便会迎来无尽的空虚。为了排遣空虚,他又会寻求更加刺激的体验。但最后他还是敌不过空虚和寂寞,只剩下无尽的恶性循环……

太过执着于激情,终将被空虚吞噬。换言之,"坏苦"就是人被快乐淹没后,随着快乐退潮,重新回到空虚状态而产生的痛苦。那些看上去很幸福，甚至被幸福淹没的人，随着幸福的破灭，他们就会重新陷入痛苦的深渊。之后为了摆脱痛苦，他们又会追求新鲜，如此循环往复。

从这个角度来看，那些傲慢、任性、喜欢到处炫耀的人也是如此。一旦快乐退潮，就只剩下痛苦。当我们认识到这一点，慈悲的等级就又提高了。但人家看上去确实太幸福了，硬是去想他们日后的痛苦，这确实有点难……

下面我们继续来学习"行苦"。"行"可以指内心的冲动，而这里专指因渴爱之心对眼前的世界进行歪曲。不论是由恶向喜的歪曲，还是由喜向恶的歪曲，都让我们的内心动荡不安。

每个人的生活都是平淡的，既然被"行"的冲动驱使，就难免会因欲望而焦躁，因厌恶而愤怒。而这些难以平息的痛苦常常伴随着我们。

我们先换个思路。比如看到一只咕咕叫的鸽子，不论鸽子自身的感受如何，我们都不可能通过自己的眼睛和耳朵去了解。或许我们会想"真是祥和宁静啊,鸽子肯定很快乐",但是不论什么生物,不论什么生存方式,只要是被自己的欲望和厌恶扭曲过的,都会感到痛苦,就连鸽子也不例外。让我们具体来看,比如鸽子看到了食物,于是争先恐后地抢食,这其实就是一种痛苦。或者被别的鸽子抢先,被抢食的鸽子的厌恶感便会油然而生,这也是一种痛苦。如果此时来了一个天敌,那么鸽子的生命就会岌岌可危,这便更加痛苦。哪怕附近稍微有人走动,鸽子也会被吓得不轻,这还是痛苦啊!

"行苦"贯穿于世界的方方面面,当我们想到众生万物时,不由得感叹一句"众生皆苦",那同情的范围也会随之扩大。

有一位女子手持喷壶向花坛洒水,而后种子生根发芽,花朵绽放。我们就应该怀着这样的心情去培育慈悲心。

慈悲心需要不断培育,久而久之,我们便会对更强大、更普遍的事物表现出慈悲之心。如果你能把这幅情境想象成一幅画，或许更容易理解哦！

苦乐皆非常态

下面学习本章引用的最后一句话，这句话出自《相应部》经典的"六处篇"。

> 以意为缘
>
> 发生安乐与喜悦
>
> 乃意之乐味。
>
> 意之无常、苦、变坏法①
>
> 乃意之厄难。
>
> ——《相应部》经典"六处篇"

---

① 这里所说的"变坏"，指的是万事万物朝着衰败的方向发展。——译者注

这句话中的"意"指代意识。以意识为机缘、机遇，向大脑传送令人愉悦的信息，则能产生安乐和喜悦。对于意识而言，这便是"乐味"，即美味，因此会让人产生"人生本就幸福"的想法。

这对于我们来说虽然是快乐的，但这些"无常""苦""变坏法"其实很容易扰乱我们的心神。

我们想起开心的往事时，总是觉得很幸福，但幸福的感觉不会永远保鲜。当我们想要保持喜悦和欢乐的心情时，畅快与欢乐不过是一时间的脑神经反应，当这种反应结束时，才是痛苦的开始。

即便我们的内心会不断变化，但只要其变化符合心意，我们也会无比喜悦。如果真的能一生一世保持幸福的精神状态，或许真的有人愿意把灵魂卖给魔鬼。哪怕和魔鬼做交易，只要能实现自己的愿望，我就愿意奉献一切。但事实并非如此！

我们的内心是遵从无常的自然法则，配合着一定的节奏，并根据每个人的"业力"自行变化的。除了这种自动变化，我们也能主动变化。这种变化看似是线性的，实际上却充满了波折。这种曲折的变化和意识主体无视现实规律的直线变化，必然相反。

因此，在曲折变化到一定程度后，我们会受到刺激，感觉状态良好，然后开始奢望这种状态能持续下去。但事实上，这种状态绝对无法持续。无常是绝对的。前文提到过，"苦"的本质是不满足，更进一步说，就是幻灭感。

虽然我们都很期待，但事情未必会朝着我们希望的方向发展，所以我们的心情才会变化。当事与愿违、希望破灭的时候，人们难免会沮丧。所以越是期待，就越会让你痛苦，让你幻灭，这就是"乐味"的危难（期待落空导致心情由喜转悲）。

明白了这一点后，接下来就要脱离渴爱，不再排斥痛苦，追求快乐。既然已经心灰意冷，何不再寻找新的方向？

我们可以将"乐味"、"危难"和"出离"三个概念合在一起解释，即欢乐、危机和陷阱——如果发现前方出现的是陷阱，我们就要用心去克服它、突破它。

我引用的这段文字是对意识的解释，但我想把经文中的"意"字换成"目"字，即以目为缘，发生安乐与喜悦，乃目之乐味，目之无常、苦、变坏法乃为目之危难……接下来，还可以是以"耳"为缘，以"鼻"为缘……说句题外话，如果我真的把这些都记下来，这本书肯定还会多好几页。

就像这样续写下去，我们就能凑齐通过眼睛、耳朵、鼻子、舌头、身体获得的感觉，当然还有最重要的一点，即通过意识获得的愉悦感。但对于这份愉悦感我们浅尝辄止就够了。

如果产生了对愉悦的执念，带着期待和幻想苦苦追寻，这种幻想便会遵循自然规律（往往与我们的愿望相悖）任意运行，这便是诸行无常。而且结果往往事与愿违，让我们痛苦。

从这个意义上说，这个世界上到底有什么值得我们努力追求的东西呢？无论我们追求什么，都必定会幻灭，这才是世界或者说是人心的规律。所以佛教的核心就是这世界上没有值得我们追求的东西，也没有什么值得我们效仿的。

换言之，我们的内心与意愿已经没有关联，所以只要有期待，我们就必然遭受挫折。这就是无常——没有常态、没有一定之规，只有永恒的变化，而且它还带着幻灭之苦和破坏的性质。

如果一个人能通过各种经历理解这个道理，就能找到一条有别于慈悲的新路，但同样能给自己的我本位思想"开一个小口"了。

追求自我本位，执着于欲望和厌恶，最终一切都会是梦幻泡影，仿佛在玩一场毫无意义的游戏。所以，哪怕摒弃自己厌恶的一切，获得一时的快感，又或者追求自己喜欢的东西，同样也能获得一时的快感。但那也不过是碰巧有一段时间的曲折发展的节拍刚好符合你的欲望，而不久后，"曲折"和"自我"便会再次分裂，我们也会再次回到痛苦的状态,并产生新的欲望和厌恶。这一切都只不过是空虚的循环罢了!

希望你在一次又一次的循环往复中明白这个道理。到那时,如果你能体会到我本位思想的无益和空虚,那就能逐渐把我本位思想完全丢弃了。

量力而行

在本章的最后,我想跟大家谈谈更深刻的话题,即不论是讲述的一方,还是倾听的一方,你我都需量力而行。

或许你能领会一种理论,但不要以为自己理解了就能进步,进而成为大人物。这一点就连我也要引以为戒。没有亲力亲为,没有实践,就评头论足或者著书立说,向世人展现自己,这绝对是不负责任的。

一旦我们产生了"我已经充分实践了""没有人能做得到"的错觉,不知不觉间,我们就会觉得自己比那些还没做到的人优越一些。

如果真是如此，那真可谓是前功尽弃。当你想着"我已经把我本位思想给修炼没了，我真厉害"的时候，正是我本位思想再次登场的时候，而且它会比以往来得更加猛烈。

所以，说到底我们和别人，甚至和其他动物相比，并没有什么不同。仅仅因为"我就是我"这样的理由，就以自己为优先其实是很不合理的，而且还有成为自恋狂的危险。所以我们一定要认识到，自己并没有什么特别之处。

当你感到自己的我本位思想极度旺盛的时候，就请告诉自己"这是不合理的，我一定是有些自以为是了"，这样就能平复一下心绪。

量力而行，就是保持自己的平衡，不要走上歪路。

不要逼自己成长

量力而行，不要强迫自己。具体要怎么做呢？

最近在修改这本书的过程中，我经历了一次离别。只因当初我不经意的一句话，便伤害了对方，造成了我们的分别，也让他感到了不快。

随后我边走边想，心绪始终无法平静。我想"那真的不是我的本意""直到刚才我们相处得还十分和谐，没想到最后却不欢而散，真是令人伤感""一来是为了消除误会，二来也是让我们的分别带着美好的回忆，我还是写一封信，让他理解一下我的感受吧"，结果我越想越累。

原来是这些"做好人"的想法在驱使着我呀！"让对方误会了就要解开误会""要跟对方和睦相处"，这些看似光明正大的想法背后，其实藏着我的自爱，更进一步说就是渴爱。我戴着好人的面具，心里想的却是"我不想让自己在对方的记忆中显得那么渺小，哪怕结束这段关系，也要给对方留下好印象"。正因为有这种自私的渴爱，我才会感到心痛、悲伤和失落。

于是，我来到旅馆的浴室泡澡，想要梳理一下自己悲伤的情绪。躺在宽敞的浴缸里，我感到一股暖意在流动，这时我才想明白："我想得太美好了，完全就是为了面子而硬撑啊！"

我觉知自己"不想被人家瞧不起""想要更有面子"，这就是真实的自我。我倾听了自己痛苦的心声，它告诉我"明明你这么懦弱，却还要强迫自己，这实在是太痛苦了"。

觉知的力量渐渐包围了我的身心，让我的内心逐渐温暖，不知不觉间开始放松。不再勉强自己，而是觉知自己的脆弱，这样就能完全放松，回归本真。坦率地承认我有"给他写信""希望得到他理解"的冲动，但这终究还是出于对自己的爱，所以我选择放手。

我们一直都在掩饰自己，都在逞强。一切都是因为我们想要向世人展现自己最好的一面。我们想保持形象，想要成为大人物。

　　但是，就算成不了大人物也无所谓。发现自己正在逞强，然后倾听自己内心微弱的呼喊，去接受、去微笑、去包容……然后彻底放松。此时，我们自然可以面带微笑，心有所想："啊，我不用成为任何人！这是多么自由、舒畅啊！"

接 纳 真 实 的 自 我

真实之章

何为放弃

第三章主要讲解了"渴爱"和"我本位思想",本章将进一步讲解如何打破正在蚕食你我的"渴爱"和"我本位思想"。

我们用"渴爱"(也就是"我本位思想")的滤镜观察外界,得到的信息自然都是扭曲变形的,佛教将这一现象称为"颠倒"。

所谓颠倒,就是内心出现偏差,无法实事求是地看待事物。对所有事物都以自己的好恶来判断,要么是自己喜欢的,要么是自己讨厌的,非要强扭成非黑即白的极端情况不可。

"这人对我来说是好是坏""这种食物吃了有好处还是有坏处""今天的天气适不适合出门"……他们只关心事物对自己有没有好处,而不关心事物对他人的影响。

换句话说，他们永远从自己的角度认识事物。更进一步说，他们的大脑已经没有多余的空间用来容纳原本的、真实的、与任何人都无关的事物了。

综上所述，人们会任由自己的大脑歪曲眼前的事物。

另外，我们既有看待事物的普遍方法，也有与之相反的，掺杂着文饰、歪曲等心理因素的观点。而这正是佛教发挥作用的基础。

执着于"快"与"不快"容易让人走向偏执，所以释迦牟尼反复强调"中道"的价值，他教导我们要通过中立性来达到心灵的超越，进而走向自由的道路。虽然对于我们来说，增加快乐使人幸福，不快则被视为一种不幸，令人厌烦，而佛教则认为，人们应该放开对幸福、不幸的纠结，走向"中道"才能得到安宁。

虽然前文中我已经讲过几种修正、补偿对快乐和不快的错误认知，而这里我最希望跟各位分享的其实是"放弃"。

现代社会要求人们不放弃

我们生活的现代社会并不允许我们选择放弃。

我们总以超越现在的自己为目标，以达到更加完美的状态。我们接受的教育告诉我们，为了追求更精彩、更美好的事物，必须马不停蹄地奋斗。如果有什么做不到的事情，就要想尽办法做到。

当然，使用发达的现代科学技术，我们确实能改善或满足一定的条件。比如不育不孕，人们很少会选择放弃而是会选择尽力治疗。就连面容和体形也要靠整形外科来美化。

因此，比起选择放弃，人们更倾向于利用技术、金钱、工具，不断去做原本可能会放弃的事情。从另一个角度来看，这也是在给我们灌输各种幻想，让我们觉得什么事都能随心所欲。

我想到一件有趣的事。近代社会的一大发明——电视机，这种机器只涉及两种人，一种是上电视的人，另一种是看电视的人。看起来能上电视的人肯定更有名气，也更有钱。但上电视的人要面对很多人的眼光，有时候上电视确实能收获好评，但也会被观众铺天盖地的负面评价淹没。这份紧张感或多或少会扰乱我们的心神，给我们徒增压力。对于看电视的人来说，观看节目给他们创造了单方面持续观察别人的独特条件。也就是说，观众可以单方面观察对方，而且不会受到对方的影响。但从某种程度来说，观众也算是受到影响了。比如听信了对方的言论、被对方传达的信息洗脑……因为被洗脑，所以自己的喜好也会发生变化。

电视里的对方永远不可能跳出来直接批评我们，而且就算觉得电视里的人说话不中听，或者我们觉得他不顺眼，可以直接换个频道，对方也不会满脸失望地看着你说："啊？你要换台了？真是遗憾啊！"也不会板着脸对你说："你凭什么这么对我！"

不论我们做什么，对方都一概不知，所以看电视对我们来说还是很轻松的。换句话说，只要对方看不到你，你就不用在意他的眼光了。

对逆境的耐力低下

我不用手机，不看电视，也不用电脑，所以对当今的媒体不太了解。但我记得，随着数字化浪潮的兴起，双向电视[①]技术正在不断进步，似乎观众也可以向电视传输内容了。

当然，上电视的人自然不知道具体是谁发送了信息，只是让观众在匿名的情况下发挥了自己的影响力而已。换句话说，"双向"就是让观众觉得心想就能事成。

另外，越来越多的人在电车里玩手机。我看着他们手指上下翻飞，灵活地点击屏幕，感觉真是不可思议。

智能手机和平板电脑的用户操作手势与以往相比，

---

① 能双向传收音像和文字信息的电视系统。用户能通过这种电视屏幕上的信息窗对信息做出回应，使观众和电视机屏幕上的信息或节目建立一种双向联系。——译者注

变得更加直观了。人们可以更直接地支配手中的屏幕，虚拟空间让用户感到更加随心所欲。

如果你过于习惯这种操作，并已经习以为常，或许感受不是那么明显，但对我来说，确实会让我感到一种快感。屏幕上的世界直接跟随你的指尖转动，这不就是随心所欲吗？

另外，我发现在互联网上的各种社交平台中，只要不使用实名发言，网友们的攻击性就会变得很强。因为不会遭到针对个人的反击，所以他们不需要在乎别人的看法，因此有了安全感。于是，他们得到了一个可以毫无保留地尽情口诛笔伐的环境。

在现实社会中，面对面地批评别人，很多时候会遭到对方的反扑。人们会有所忌惮，所以选择压抑情绪。但是在互联网上，无论以怎样恶毒的语言批判他人，都很难知道谁是始作俑者，所以人们在网上才会如此肆无忌惮。看来，人们平时在大庭广众前压抑的邪恶一面，在互联网上便暴露无遗了！

这样的例子还有很多，仿佛我们只要一按下开关，或触摸一下按钮，一切就会尽在掌握中。

习惯使用这些工具和装置，到底意味着什么呢？和过去的人相比，当我们遇到不如意的事情时，会感到非常痛苦，无法忍受，就是这么回事。

"我平时都不会放弃的，为什么这件事一定要让我放弃啊！"——人们已经不会放弃了，但这多么让人痛苦、让人悲伤、让人感到无力啊！

爱别离苦，怨憎会苦

通常来说，我们可以通过文明的机器获得虚伪的力量感。这种力量感已经深入人心，甚至令人厌恶，因为一旦遇到不能随心所欲的事情，我们就会感到痛苦。

下面我们来思考一下，什么是"不称心如意"。想见的人来跟我们见面，喜欢的人主动接近我们，对我们温柔，与我们的感情越来越深，我想这或许就是所谓的

"心想事成"吧？

但是，就像"爱别离苦"的内涵所表述的那样，我们的理想状态永远不会随心所欲地持续下去。而所谓的"爱别离苦"，虽然也包含着"终有一日要和知心爱人分别"的意思，但它更本质的内涵是，即使和自己喜欢的人在一起，对方也会批评、背叛、欺骗我们。到那时，我们会瞬间心灰意冷。因为我们对"所爱"感到厌倦，所以才会品尝到心理层面上的离别之苦。因此，只要我们对某个人产生了感情，就一定会体验到痛苦，因为他们是不会完全按照我们的心意行动的。

下面我们来看看"怨憎会苦"。其中的"怨"和"憎"都是怨恨的意思，连起来就是"遇到自己不喜欢的事物而感到痛苦"。

如果我们只跟那些对我们温柔的人相处就好了，那该多开心啊！但这是绝不可能的呀！

越是不想听他说难听的话，他反而对你说了难听的话；越是不想看到他那样的表情，他偏偏给你使脸色……无聊的表情、东张西望的表情、不高兴的表情、厌烦的表情、烦躁的表情……我们常常能看到人们的各种表情。

我们不想让内心受折磨，不想接收这些令人不快的信息，但社会生活不允许我们这么做。

在人际关系中，爱别离苦是不可避免的。"喜欢的人会同样喜欢自己"毕竟太难得了。而且，如果认为这是痛苦，那么它就一定会折磨你。

这是一个亘古不变的真理。只不过我们现在的执念太深，总想要找到让我们随心所欲的办法，可以不放弃的办法，所以我们才会感到痛苦。

再比如虽然我们总是与衰老对抗，但我们还是会自然地衰老。而且，即便我们能延缓衰老，但衰老是不会停止的，一切终归腐朽。没有人能逃脱衰老和死亡。这是自然规律，没有人能对抗它。

尽管如此，由于我们已经养成了不放弃的习惯，因此才会认为"明明可以想办法的，总会有办法的"，并感到苦恼。我们"讨厌衰老""讨厌生病",想要化不可能为可能,就会感到有压力,这就是"求不得苦"。而摆脱这种压力的最佳途径,就是领悟到"世界不可能随心所欲",然后坦然放弃。

接下来我将通过"忍耐"和"放弃"等态度,来探讨如何接受现实。

生活中没有什么不能忍耐

下面介绍一下第十六世罗马帝国皇帝马可·奥勒留(Marcus Aurelius)的名言。

奥勒留虽然是罗马帝国皇帝,但他信奉斯多葛学派[①],也有过许多哲学实践,因此也被人称为"哲人皇帝"。

奥勒留写过一本个人哲学思考录,叫作《沉思录》。

[①] 古希腊的四大哲学学派之一,也是古希腊流行时间最长的哲学学派之一,代表人物包括潘尼提乌、波昔东尼、西塞罗等。——译者注

有趣的是，奥勒留本身并不抵触当皇帝，但他总是表现出一副"不慕皇权"的态度。不过从著作的内容来看，他似乎真的对做皇帝没兴趣。

斯多葛学派讲究锻炼自制力和忍耐力，并以此对抗内心的私欲。斯多葛学派的实践方式与佛教有不少相似之处。奥勒留本想终身服务于斯多葛学派，但上一任皇帝对他的评价很高，无论如何都希望由他继承皇位，他无法拒绝只能登基。

《沉思录》中有一段教育人们如何度过痛苦岁月的内容：

人生中，

绝对不存在，

令人难以忍受的苦难。

如果我能活下去，

就一定能活得更好。

既然我在宫廷也可以生存。

接纳真实的自我

那么我在宫廷里也能活得很好。

——马可·奥勒留《沉思录》

他本想活得光明磊落,但一看到宫廷里充斥着各种权谋,就忍不住想"我必然不能在此安居,身边尽是宵小之徒",于是想要逃离宫廷。但他转念一想:"非也非也,不论身在何处,身边有何种人,只要我能生存,就能通过自律过上光明磊落的人生。"继而开始自勉。

我在不能专心修行的时候,很容易把责任推给嘈杂的环境和讨厌的人,所以我很有必要学习奥勒留的精神。总之,我觉得奥勒留皇帝正是佛教中所说的忍辱负重的典型。在佛教的发展过程中,大乘佛教应运而生。在大乘佛教的体系中,"忍辱"被列为"六波罗蜜"(六种重要德行)之一。

总的来说,"忍耐"尤其是"忍辱""坚忍"其实是对自己主观上不喜欢、想要逃避、厌恶,或认为不可能发生、不符合自己意愿的事情,采取忍耐、接受、认可的态度。

"人生中绝对不存在令人难以忍受的苦难",或许在奥勒留看来,"如果真的发生了难以忍受的痛苦,当事者就会心碎而死"吧?

也就是说,只要还生存着,不论遇到什么令人厌恶、痛苦的事,我们都能忍受。如果真的忍不了,那我们早就死了。从某种意义上来说,生活就是一种忍耐。

所以才说,我们只要仍生存着,就不会遭遇难以忍受的痛苦。这真的很符合逻辑啊!

讨厌的事物终将成为过去

我最近学习了斯多葛学派的哲学理论,有幸拜读了冈野守也先生的《禁欲思想》。

"禁欲"是斯多葛学派提出的理论,下面引用一段有关"忍耐"和"难忍"的名句。

接纳真实的自我

一旦做出无法忍受的判断,

就会更加烦恼。

但是,

如果试着改变想法,

告诉自己"我现在不就正在忍耐吗",

你的内心就会获得平静,

不再感到难以忍受,

内心从混乱回到清醒,

痛苦也会减轻。

——冈野守也著,《禁欲思想》

如果你理解了这段话,或许就更能领会奥勒留的观点了。

假如有一个人跟你的关系很僵,但因为他是你的家人、同事或领导,所以你们无法完全切断联系。实际上,不论是谁都能从身边找到一两个类似的人。他们会把我们觉得很不合理的事情强加给我们。本来应该由他们来完成的工作，却要用"你就应该帮我"的理由强推给我们，这确实令人难以接受。

我们可能会暗自琢磨"我已经忍无可忍，太讨厌了，好想一走了之"。但若是尊重事实地想一想，我们所说的"难以忍受"，其实应该是"我感觉自己好像快要忍不住了"，所以我们现在只不过是站在忍耐的边缘。毕竟我们还没真的一走了之，更没有死。也就是说，更接近事实的认知是：我们现在不是还能忍受吗？"现在还能忍耐"才是现实情况啊！

因此，我们应该试着让心中所想变得更贴近事实。比如你可以告诉自己"我现在还能忍耐"，这时你就会发现，其实想忍过去还是很容易的。

觉知"现在还能忍"的事实，就能驱散"难以忍受"的妄想。这就是佛教所说的"正见"，即实事求是地看待一切。

我们每个人或多或少都会遭遇"怨憎会苦"。因此类似"好麻烦""不想接触"的厌恶感才会刻入我们的脑海中，这些事或许发生在一周前，也可能就发生在昨天。不管这些根植在我们内心的苦难发生在一周前还是昨天，它们都不是眼前发生的事，只不过是一段记忆而已。

如果这类"令人讨厌的话语""令人讨厌的行为"让我们记忆犹新，厌恶感就会越来越强，我们也会产生难以忍受的感觉……下面就请你闭上眼睛，想象自己最讨厌的人或事物，同时默念"我现在还能勉强忍耐"。如果你告诉自己"我已经忍到现在了"，就会感到比之前轻松许多。

主观由我来改写

这种认识事实的方法属于斯多葛学派哲学中的逻辑学。

如果想简单概括一下斯多葛学派哲学的话，那就是"事物由主观决定，主观可以由个人自主改写。但我们要根据事实和真理改写主观"。

虽说可以改写主观，但让你突然喜欢上感觉忍无可忍的人肯定不现实。因为这违背了事实。而且让你完全不在乎同样不可能，因为这既违背事实，又压抑了你的内心。

你只需要知道，"忍无可忍"非常脱离现实的认知。明明还能忍受，却觉得忍无可忍，这就是一种错误的认知。而你需要做的正是，把这种错误认知改写成更贴近现实、更实事求是的认知，这样你就会轻松很多。

实际上，"逻辑疗法"这种现代的主观改写方式正是在斯多葛学派的思想基础上发展而来的。如果你想进一步学习，可以参考冈野守也的著作《唯识与逻辑疗法：佛教与心理疗法整合与实践》。在这本著作中，冈野守也将佛教的唯识思想与逻辑疗法相结合，并进行了阐释。

只要活着，就没有过不去的坎儿

下面让我们回到奥勒留的那句："如果我能活下去，

就一定能活得更好。既然我在宫廷也可以生存，那么我在宫廷里也能活得很好。"

我觉得他在对自己说出这句话的时候，似乎已经对皇帝的职位感到厌烦了。在日记里写下"在宫廷也可以生存"，恰恰证明他正在经历内心的挣扎，认为自己不能在这种地方生存，也就是忍无可忍无须再忍。他其实是在告诉自己，千万不能被负面情绪吞没。

虽然他是罗马皇帝，但他似乎也不是那种生活安逸的独裁者。当时日耳曼民族正大举入侵罗马帝国，罗马帝国正值存亡之秋。为了抵御日耳曼民族的入侵，皇帝不得不御驾亲征，进入边境征战。战争似乎永无休止，环境相当艰苦。

换作是我，我肯定会觉得这实在是太辛苦了，担心自己还能不能活下去，甚至考虑放弃……而奥勒留始终把这一切当作自己的使命，事必躬亲，在这个过程中，他每天都会写日记激励自己。

因此，一旦他有了在宫廷无法生活、忍无可忍的想法，或者想要对自己不喜欢的臣子发怒，抑或是想要虐杀反贼时，都会坦率地认识到自己的负面情绪，并开始内省。他会坦率地接纳自己心中的负面感情，实事求是地审视自己内心的丑陋。

即便在那样的状况下，他还在日记中写道：因为那些讨厌的人也和我共同创造着宇宙的历史，所以他们不过偶尔会作为表象性的敌人或朋友出现，或者偶尔会不服从我罢了。即便如此，我也不该对他们心怀怨恨，认为他们的存在妨碍了自己，而是要尽力克制负面情绪。

若是抓到了反贼，杀心顿起时，他便能够觉知这种负面情绪，并坦然接纳，然后对自己说"我不应该有这样的情绪"，进而突破自我。

换句话说，就是当自己的脑海中有类似"我不能在宫廷中好好生活""我不能在这样恶劣的环境中生活"的想法时，要反躬自省，对自己说："我现在不是正在忍耐吗？人只要还活着，就没有什么忍无可忍的说法。"然后继续认真地生活下去。

看来古人真的很伟大啊！

变成别人是痛苦的

如果把前文引用的句子和佛教联系起来，归根结底就是，之所以我们认为某些事物不好、不喜欢、不适合、不可取，那是因为我们没有把现象仅当成现象，而是我们对它们抱有一种扭曲的、以自我为中心的看法，即"对我来说这是不好的"。这就是大脑对现实信息进行篡改的结果。

根据每个人的个性，即使是被认定为无法忍受的事情，大脑也会认为"可是现实到目前为止还能忍受吧"，然后让其恢复到原来的状态，也就是说大脑修正了扭曲。

因此，我们才要通过回归中立，消除内心的"渴爱"。

下面这句话引自 *The Truth Of Nature* 一书，书名可译为《自然真相》或《自然真理》，作者来自泰国。

第四章 真实之章

如果你任舒畅之感恣意生长，

你就会心生欲望；

如果你任苦闷之感恣意生长，

你就会心生怨怼。

于是，

我们时而欢喜，时而愤恨。

这就是"我"。

既行"我"道，

难免趋向痛苦，

难免遭受欺骗。

——《自然真相》

"渴爱"是只通过"对我来说"的有色眼镜来认识世界，这有时会让我们的内心产生快乐的感觉，有时又会让我们产生不快的感觉。

如果我们放任快乐的感觉产生，内心就会产生欲望，并希望这种快乐能够持续下去，最终创造了一个极度渴

接纳真实的自我

望得到愉悦的自我。而任由不快的感情发展，就会创造一个极度渴望让痛苦消失的自我（我执）。

"喜欢的人"或者"想要毁灭的人"都会让我们变得越来越以自我为中心，越来越不愿放弃。而不放弃的根源就是过分强调"我"，同时我们和周围的矛盾也会越来越激化。

与周围人发生冲突的时候，无论是他们还是自我，情绪都会发生变化。同时，过去的自己和现在的自己之间也会展开一场斗争。而且当我们面对自己衰老的现实时，也会因为不放弃而内心挣扎。当情绪和理智南辕北辙，明明自己在寻找快乐，结果却令人失望时，我们会因为不能接受令人失望的现实，即不肯放下执念，而内心挣扎，经历痛苦。

与他人发生矛盾的时候，不肯放弃自己的执念就会感到痛苦，而面对自然、环境、社会的变化，我们不愿放弃自己的欲望，同样也会产生痛苦。也就是说，我们总是想着"本该如此"，却不得不面对难以如此的现实，因此才会痛苦。

高速转世轮回

一切的始作俑者就是对于"我"的执念。

我们感受到快乐时,令人喜悦的"我"就诞生了,而当我们感受到不快时,令人讨厌的"我"就诞生了。

比如,几天前我和青梅竹马去泡温泉,当我想到"泡一泡温泉心情肯定会变好"的时候,感受到了快乐,那个喜欢泡温泉的我也出现了。那么这个欢喜的我能长生不老吗?不会的,他很快就会垂垂老矣。

也就是说,人们的意识绝不可能只停留在泡温泉上,这种喜悦在实际泡温泉时达到顶峰,但很快就会枯竭。就好比人一定会经历衰老和死亡一样。

泡完温泉回家的路上,我们俩迷路了,很晚才到家。路上我总是心神不宁,想着:"唉,天都快黑了,今天就是截稿日啊!"

换句话说,我感到了不快,那个讨厌时光流逝和计划失误的"我"出现了。这个新的"我"一出生,那个"欢喜的我"就衰老、死亡,"转世投胎"成了这个"怨怼的我"。但这个"怨怼的我"也会随着截稿日期的来临达到顶峰,随后垂垂老矣,病入膏肓,一命呜呼,之后又会转世投胎成另一个"我"。

我们不断变成"另一个人",经历生老病死,再转世为人,这真像一场高速的转世轮回啊!

即使最后我赶在截稿日期前交了稿,但当直觉告诉我"应该能赶上截止日期"的时候,那个"憎恶时间流逝的我"就已经病入膏肓了。然后我就会沉浸在"赶上了"的喜悦中,伴随着欢乐的气氛,那个"欢喜的我"又降临人间。

只有在那个时候,我们才会感到快乐、安然,以及生活的乐趣。但喜悦之情同样会随着赶上截稿日期而达到巅峰,之后又会衰老、死亡和转世……

轮回转生本身就是苦。伴随着一个新的"我"的诞生，我们好不容易喜悦一次、安心一次、爱恋一次、热血沸腾一次，但一切达到巅峰的时候，那个"我"很快就会衰老和死亡，你也会再次陷入不满足、不愉快的状态，如此轮回万世。

如此看来，我们的安然、快乐、喜悦是多么虚幻啊！而且憎恨、焦虑和悲伤同样转瞬即逝、朝生夕死。因此，人绝不能沉湎在憎恨和悲伤中。

一切的"我"全是虚幻的，无法带给我们安全感和依靠。

哪怕我们成了世界级名人，也因此感受到了一段时间的快乐，但只要你知道身边的人说了你的坏话，快感就会立刻消失，你也会立即转世投胎成"讨厌说别人坏话的我"，最终被不快吞没。

成为某人然后衰老、死亡，再成为另一个人，这样的轮回只会让人心乱如麻，只会给我们带来辛苦和混乱，只会让人感到空虚，所以变成别人痛苦且无益。

下面我们来看看《相应部》经典是如何阐释轮回的

挣扎的。

> 生者必有一死,
>
> 毫无遗漏。
>
> 生者必受痛苦,
>
> 亦毫无遗漏。
>
> 人被痛苦折磨,
>
> 直至死地,
>
> 此乃责苦。
>
> 故而,
>
> 因得生而喜悦,
>
> 实乃愚蠢。
>
> ——《相应部》经典第5篇

第一次看到这段话的时候,我感到内心彻底回归了平静。虽然这段话并非出自释迦牟尼,而是他的弟子,但却道出了人间真理。因为我们为了成为"别人",为了获得成功（得生），所以才会被责苦所"杀"。

无常、苦与无我

勉强自己，哪怕真的成为名人、高手、大人物，又或者成为"受爱戴的人""快乐的人""幸福的人"，最终也要经历老死轮回，回到那个"不快的故乡"。

想要出人头地、想要发迹，这些都是"有爱"，即便能够实现，最终也会归于尘土。出人头地看起来毫无意义、毫无用处、毫无价值……

我们应该从"出人头地也没有意义"的思想，转变成"既然如此，就不必勉强自己了"的思想。其实你无须成为任何人，给内心留白才能迎来返璞归真的瞬间。

"怎么做呢""怎样才能如愿"，我们之所以总有这样的想法，原因就在于我们想成为更好的自己。一旦你真正放松下来，告诉自己"原来我什么都不需要做"，"有爱"就不会再对你步步紧逼，你也就做到了合理的放弃。

接纳真实的自我

归纳起来就是因为生后即死的无常支配着我们的内心，所以心必然会回到不能随心所欲的状态，即无常、苦、无我的三相。

三相才是世界的本质。敢于直面它，我们才能放下内心的执着。因此，释迦牟尼教导我们：

当你认为，

心所创造的一切都是无常时，

心就会脱离痛苦。

当你认为，

心所制造的一切都是苦难时，

心就会脱离痛苦。

当你认为，

心所创造的一切都是无我时，

心就会脱离痛苦。

这就是心安之道。

——《法句经》第 277~279 偈

无常、苦、无我是不容置疑的事实，只要承认它，你的心就能从轮回中得到拯救，并感到轻松和安然。

如果我们不承认无常、苦、无我的事实，那我们就会变成欢喜者或憎恶者，不断轮回。因此痛苦不断增加，更会被欺骗、蒙蔽。佛使比丘的语气很强烈啊！

那么，我们是怎么被欺骗的呢？

眼前的事实已经转化为"喜欢""讨厌"等脑中的幻觉，那么它们就再也不是事实了，这不就是一种骗术吗？

被骗其实是偏离事实的

如果你尚未被欺骗，那么你的态度应该是中立且实事求是的。你能接受现实，而不会将现实扭曲为善恶好坏。但我们总是忘记，现象本身不分好坏，我们不能用自己的心去认识现象。所以，我们才要任意给认识的对象加上类似"有利于我""对我有害"的现实属性，而且还会把强加的部分看作事实。

比如，我看到一件衣服，觉得这件衣服很漂亮，想要告诉别人的时候，就可以委婉地说："我觉得这件衣服挺漂亮的。"或者半开玩笑地说："在我看来，这件衣服可爱极了。"这或许才是正确的措辞。但说到底这不过是我们的主观意识把这件衣服扭曲成了漂亮的。另外，我们明明可以说："嘿！我觉得那件衣服挺可爱的，你觉得呢？"但我们通常说的却是："嘿！我看到一件很可爱的衣服哦！"

在你说"嘿！我看到一件很可爱的衣服哦，你看怎么样"的时候，其实是给这件衣服添加了"可爱"的属性。但是，如果认为"因为可爱，所以是好东西"，那就已经脱离事实了，因为衣服本身是没有好坏之分的，脱离事实也就意味着你被欺骗了。

自己的尺度和他人的尺度

上文我只是以衣服为例,这当然无足轻重。但是,如果我们面对的是自己不喜欢的人,事情就没那么简单了。

如果只是觉得自己不喜欢,而没有意识到这种感觉是自己主观判断的结果,那就相当危险了。"如果我不喜欢他,那他就不是好人;如果我不喜欢他,那他就是错的。"当你这样想的时候,你就陷入了骗局,而且会越陷越深。

明明不过是"我跟他合不来",在你的思想中却成了"不论是谁都跟他合不来"。这就是从你的主观想法中延伸出的内涵。

总有一些人与我们不欢而散,不管对方与你是男女朋友关系,还是大吵一架割袍断义的朋友,你是否对他们说过狠话?比如:"像你这样的人,谁也不会跟你交朋友的!"我记得我应该没跟别人这么说过,反而是别人曾对我这样大放厥词，总之记不太清了。

"像你这样的人，不可能跟别人搞好关系！""就算换了别的工作，你也得不到公司的重视！"我们之所以会说出这样的狠话，不仅是因为"我不喜欢你"，也因为"像你这样不讨喜的人，别人肯定不会喜欢你的"。这就好像我们的想法对所有人都适用一样。

我们总是愿意相信，"不喜欢"并不是自己大脑中产生的幻影，而是对方本身的真实属性。或者说，因为我们有这样的想法，所以当别人夸奖我们不喜欢的人时，我们就好像被冒犯了一样，或许我们会怀着微妙的嫉妒心，想说服别人"他这个人坏极了"。这同样是因为我们总觉得"讨厌"是对方本身的属性。

但事实上，对方根本没有这样的属性，但我们却笃信对方的"内在恶"，这难道不是被欺骗了吗？

接受原本、真实的自己

想要做到实事求是地认识事物,就要觉知心与现实接触的入口,即眼、耳、鼻、舌、身体、意识(六门),要去了解信息是如何进入我们思想的。这其实很简单,即眼睛看到的东西、耳朵听到的东西、鼻子闻到的东西、舌头尝到的东西、身体接触到的感觉,以及大脑中想到的事情,这些事物不论和六门中的哪一门接触,我们都应该毫不修饰、原原本本地接受。目之所见即所见,耳之所闻即所闻,鼻之所嗅即所嗅,舌之所尝即所尝,身之所感即所感,意之所思即所思。

《长老偈》中最值得品味的是,即便我们接触了万事万物,但人们的感觉不会积累。这里的"感觉"就是我反复强调的"快乐"和"不快"的感觉。

"感觉不会积累"用现代的说法解释就是,无论是品尝美食得到的快感,还是被人贬损而感到的不快,都不会通过大脑中的海马体存留在我们的记忆中,而是会逐渐被人忘记。因此，只有切断"快乐、不快→感情→执着"的锁链，人们的内心才能达到终极的安宁。《摩伦迦经》中也有类似的内容，看来《长老偈》中摩伦迦的言论是根据师父的教导，并结合自己的修习体悟而诞生的。

无论接受什么、看到什么，我们的内心都会判断它们是"喜欢的"还是"不喜欢的"。而如果把这些想法放在一边，对于事物的印象就会存留在心里，这就是"感觉"。日积月累，感觉就会变成"业"，与欲望和憎恨紧密联系在一起。

因此，我们会愈发在意那个"我期待"或"我不喜欢"。我们太过重视自我了。

执着让人痛苦

下面与各位分享《自然真相》中的一节：

生老病死皆是苦，

这真是太夸张了。

如果不执着于

"我的生""我的老""我的死",

那么生老死皆非苦。

……

如果我们不再纠结"我""我的",

那么生老病死就不是痛苦,

而是单纯的身体变化。

——《自然真相》

我们出生在这个世界上,随着年龄的渐渐增长,我们会渐渐老去。然后,在"生老"的过程中生病,最终迎来死亡。这是"生老病死"的浅层含义。

虽然从物质变化、身体变化的角度来看,衰老、生病等都是极为自然的过程,但对于人的主观来说,这些都是我们不希望发生、不想遭遇,甚至唯恐避之不及的事。

如果从单纯的物质、细胞的变化这层意义上来看，特别是从原子、分子的角度来仔细观察物质的话，生老病死的过程不过是同样的物质改变了结合方式，进行交换、重构、拆解而已。

我们所说的"好或者不好""生命无价""死亡是可怕的""不愿衰老"都被赋予了价值，如果撇开主观的滤镜来思考，它们其实没有好坏之分。或者说"生对于死来说没有什么特别的，死对于生来说也没有什么特别的"。它们对于真实的世界来说只是变化了而已。

然而，如果在这个自然变化中加上"我""我的"这样的人称代词，"我"（即主观）就开始发挥作用，产生了"好与坏"的概念。

我们心中所想的是"我的出生""我的衰老""我的死亡"，不知不觉间我们把生老病死当成了私有物。因此，我们才会觉得生病了就是不好，健康了就是好；老了就是不好，年轻就是好；"死"更是避之唯恐不及。换言之，我们太喜欢从"是否有利于维持我们的生存"的观点来衡量事物了。

说到底，我们还是总想着如何延长寿命，根据"我本位思想"来理解生老病死。"我"和"我的"让我们执着于自我。我们不能以更加豁达的观点，把一切看作身体的变化，所以才会感到痛苦。

因此，"生老病死"并不是无条件、无前提的痛苦，而是基于"我"与"我的"这一认知上的痛苦。如果超越"我"与"我的"认知，从微观角度如实地接受现象，你便会发现："啊，这不过是基本粒子的结合、衰变、变换而已。看来这一切果真与好坏无关。"此时，痛苦便不再是痛苦了。因此，我们可以在内心创造条件，让生老病死不再是一种痛苦。

这样一来，我们就能从厌恶生老病死，以及为了增强自己的生命力而任性妄为的"盲目生存欲望"中得到解脱。如果衰老、疾病、死亡只是单纯的物质变化，不再是令人谈之色变的概念，那么我们也就没有必要拼命努力保持年轻了。

超越"我"和"我的",是我们应该追求的远大目标,而终极目标则是超越"生"和"死"的"不死境界"。

这里所说的"不死"不是字面上的长生不老的意思,而是指通过超越对个人生死的执念,而达到超越生老病死之苦的境界。

顺从自然

或许佛学的精髓就是用科学甚至近乎冰冷的眼光来看待生老病死吧?为了让大家都能拥有这种实事求是的眼光,我们不妨再看看奥勒留皇帝的名言吧。

这段同样摘自《沉思录》。

> 如果个别事物
>
> 不断变化为其他的个别事物,
>
> 这对于元素本身来说有何可怕之处呢?
>
> 那么我们又何必害怕

第四章　真实之章

万物的变化和解体呢?

我们只是顺应了自然而已。

顺应自然,

便不存在一丝邪恶。

——马可·奥勒留著,《沉思录》

虽然奥勒留皇帝不愿参与血腥的战争,但作为罗马帝国的统治者,他不得不指挥军队与入侵的日耳曼人作战,罗马帝国每天都面临着毁灭的威胁。不过,实际上只有极少数人每天都会害怕死亡。

但是,在这种极端危险的环境下,奥勒留皇帝的精神仍旧镇定,他不断地告诉自己,若从逻辑学的角度来看,死亡并不可怕。所谓死亡,不过是暂时属于我们并构成我们的元素,再次分解罢了。分解了之后,这些元素又会和其他物质结合。在分解和结合的漫长时间中,这些元素构成我们并存在的时间仅有短短的几十年。奥勒留皇帝觉知了这些事实,并努力完全接纳。

所谓死亡，不过是在短暂的时间内结合在一起的粒子再次分解而已，从宇宙或物质的视角来看，这并不是什么坏事，死亡恰恰是为下一次变化而必须经历的重要过程。然而，我们通过自己有限的主观意识，认为死亡是"可怖""令人厌恶"的，而避之唯恐不及。

元素自然不会害怕生老病死。如果它们有思想，对于构成人类这件事，它们绝不会说"太棒了！我们变成人类了"。

人类的大脑也是由元素构成的，当我们的大脑感到高兴或厌恶时，构成大脑的元素也不会觉得"能成为大脑真好"。既然生老病死对这些元素来说一点儿都不可怕，那我们又何必害怕万物的变化和解体呢？因为顺应自然就没有任何邪恶，所以我告诉自己，死亡并不是可怕的、不祥的，而是宇宙中无数次重复的结合与分解而已，那不过是短暂的一瞬。"分解—死后构成身体的元素开始分散"，只有通过这个过程，下一次的变化才会发生。

第四章　真实之章

这可以说是一种"觉知"的态度，即原原本本地接受并仔细观察任何事物。我们不妨想象一下与之完全相反的情况，即面对不满意的情况时，我们会说"不会吧"。虽然你觉得"不会吧"，但事情已经发生了。因为事已至此，所以"不会吧"其实非常不合逻辑。

如果从"中立性""偏向性"的角度来理解，"不会吧"其实属于怨憎会苦，即扭曲事实所导致的痛苦。

"不会吧"这句话之所以备受年轻人推崇，或许跟前文中提到的"不放弃""不允许放弃"的风潮有着密切的关系。

正在发生的事情都是必然的，我们无法避免，也无法改变。接受的力量源于正念，而正见则是正念的强大后盾。把已经发生的现实说成"不会吧"="不可能发生"，只不过是试图在逻辑上否定现实罢了。

但是，对于已经发生的事，不管我们有多么讨厌，它都是事实。而且，觉得"不该发生的都发生了"，这种逻辑也很不合理。倒不如说是该发生（在你身上的）才

接纳真实的自我

会发生了吧。无论是不愉快的事，还是令人愉快的事都是如此。

被人指责、攻击、说坏话、揭短的时候，我们的内心会十分抗拒，会想"不是这样的"，或者认为是对方做错了、对方的想法不对，想要当场反驳，或者在心里抗议。但是请记住，那些人对我们做的事、说的话，都已经切实地发生了。我们只能过好自己的生活，让自己接受一切。

尽管我们不知道是什么让对方这样对待我们，但答案必然潜藏在他们的心中。因此，被人批评、遭遇背叛，其实都是符合自然规律的。也许这些事对你来说很糟糕，但要知道，你也是自然中的一部分，对方也是自然中的一部分，你们之间发生的一切都是注定的。如果我们把它扭曲成坏事，那就只会给自己徒增苦恼。

一切皆归自然，就是"一切都是顺应我的业力而生的"。虽然一切都是无可奈何的，但当我们以放弃的态度坦然接受时，内心就会回归平静。

不要过于姑息这副不自由的躯体

我们再学习一下《长老偈》的第 1150 偈。

> 此身于我而言真乃厌恶之物。
> 此身好似以血肉为砖瓦,
> 骸骨为栋梁的破屋,
> 充满恶臭。
> 此身虽是他物,
> 我却深信它属于我。
>
> ——《长老偈》第 1150 偈

我们不妨结合《法句经》一起来看。

> "我的孩子,我的财产",
> 愚者常被占有欲支配。
> 但是,

就连自己也不属于自己。

孩子和财产又怎么会属于自己呢?

——《法句经》第62偈

此处的"属于自己"以及上文目犍连所说的"我的",按照佛教思想理解,就是"按照自己的想法",或者"随心所欲完全掌控、完全支配"的意思。既然是"我的",那就表示它受到我的支配;若不能支配,就不能说它是"我的"。

智者说"此身虽是他物,我却深信它属于我",这句话中的"他",指的是与"我的东西"完全相反的概念。"此身"自然不会完全随我们的心意,但我们还是会认为"这具躯体是我的,必须由我支配"。正因如此,我们才会顾惜这具身体。

顾惜的前提是深信躯体属于自己,而且受自己支配,可以自由操纵。因为当我们切身体会到身体与我们自己并无关系、完全无法操控的时候,那就根本不可能产生对它的依恋。但实际上,正如后文所述,我们的意识很可能在关键时刻根本控制不了身体。

四种曲解

为了能中立、中庸地接纳事物,我从多方面阐述了各种心理现象。关于身体方面,我想补充一下"不净观"的冥想法。

"不净"这个词可以理解为"不纯洁"。提到"不净",大家或许会想到"脏兮兮",但不净只是"不洁净"而非"肮脏"。

有时候人们无法中立、实事求是地看待事物,反而会产生偏向的、主观的四种观点,这四种观点在佛教中被称为"四颠倒"。所谓"四颠倒",指的是自己的内心无法真实地看待现实,而是扭曲地看待现实的四种状态。即以"无常"为"常",以"苦"为"乐",以"无我"为"我",以"不净"为"净"。这体现了我们大脑中的扭曲思想。

下面我稍微改变一下顺序，为大家一一说明。

第一个颠倒，即强烈的欲望和厌恶对内心来说应该是痛苦而非快乐的，但大脑却将此错以为是快乐的。

当我们意识到"这只是一种痛苦"时，本来有很多情绪是可以摒弃的，但大脑却把这些情绪重新定义为"快乐的"，所以我们才会执着于此，不肯放手。而且，从根源上来说，正如前一章所述，"苦"的含义是"让人不满足的事物""让人幻灭的事物"。从这个角度来看，所有的人和事最终都只能给我们的意识带来不满足和幻灭，也就是痛苦。"苦"正是这个世界的本质。了解了这一点，我们才能发自内心地放下一切。

但是，我们却认为"也许那个人不会让我失望""也许这份工作能让我得到终极的满足""也许这个游戏能让我发自内心地满足"，因为我们怀着"乐的幻想"，所以对一切都不肯放手、不能释怀。如果从著名的"踮起脚尖，实事求是"这个范式来看，即"如果踮起脚尖，变成××的自己，就能幸福"。正因为有这种"乐的幻想"，我们才会强迫自己"变得××"，也因此感到痛苦。

而后，那个"××的自己"终于诞生了，但很可惜，他很快就会衰老、死亡，进入下一个轮回。痛苦和空虚永远持续，这就是我们悲惨的人生。

尽管如此，我们却误以为这个过程很有趣。这就是"乐想"，即不去领悟真实的"苦"。

第二个颠倒，即把他物、不在自己掌控中的事物，误以为在自己的掌控中；把"无我"的事物，误以为是"我"的事物。

我们不可能让自己的心脏按照自己的节奏跳动，也不可能下命令让脸上的皱纹不再增加，皮肤永葆弹性，更不能让癌细胞按照自己的意愿消失，让身体的血液循环按照自己的想法运转，让大脑中重要部位的功能突然变好，或者即使肝脏的各项指数都不太好，也能恢复正常，又或者控制肾脏的水分调节功能。

其实万事万物都是不尽如人意的。关于这个道理，

接纳真实的自我

我们可以这样来理解。

> 过去、未来、现在,
>
> 所有身体、物质、心灵,
>
> 无论是内部的还是外部的,
>
> 无论是大的整体还是小的层面,
>
> 无论是差的还是好的,
>
> 无论是远的还是近的,
>
> 所有的身体和物质。
>
> 应以智慧的双眼
>
> 作如是观:
>
> 此非我所有,
>
> 此非我。
>
> 此非能如我所愿。
>
> ——《中部经典》第109经

再进一步说,当我们想控制自己的身体这样做、那样做，却因不能如愿而产生烦恼时，我们难道能命令自己不去烦恼吗？当然不能。

看来我们非但不能控制身体，也不能控制内心。

人们总是认为这颗心就是"自己"，或者"心属于自己"。但是仔细想想，不管什么时候，我们的心又何尝如愿过呢？

心灵和身体一样会自然变化，所以违背变化的规律，强行将其变成自己想要的样子，在某种意义上来说就是反自然的，是违背心灵变化规律的。因此即便我们想要控制它，内心也无法脱离自然规律而变化。

"自然"就是"自由发展、变化而不受外力约束"的意思。自由变化是不以人的意志为转移的，内心的变化同样不以人的意志为转移，而是根据过去积累的"业力"随意变化的。

但是，我们的内心渴望朝不同的方向变化。此时，欲望与自然而然的内心变化之间就会产生冲突，而正是这种冲突导致了痛苦的产生。身体也好，心灵也好，都不存在我们能操纵的要素。但我们还是觉得"这颗心是属于我的""这具身体是属于我的",想要随心所欲。

人这种生物,对"随心所欲"的执着简直是根深蒂固的。只有消除这种错觉,才能觉知"无我"。

第三个颠倒,即把"无常"视为"常"。所谓无常,就是不经常、不连续、变化、断裂、混乱的状态。或者换个角度来看,这和前文中提到的"自然"也很相似,即自由发展。它与人的主观意志完全无关,只是按照其规律自由变化、流动,持续运行。

或许我们也可以用"主观"的反义词"客观"来形容它。

无常是绝对意义上的客观。无论外界还是内心,都处于被动强制的变化中。主观的"想要这样",必然会引发希望和现实的冲突。但是,若是我们不去深入观察事物,就会坚信万事万物皆备于我。这就是所谓的"常"。我们常常认为,自己可以根据自己的意愿,将外部世界和内部世界朝着对我们有利的方向改造。我们总是对外部和内心提要求、下命令,而且永远不肯放弃。

这种违背自然(无常)的自我就是"有常想"。现代人能使用网络和电视机等设备,似乎持续处于主人的位置,因此"有常想"的观点更加根深蒂固。

使用者可以轻松地站在支配者的立场俯视一切,因此才会产生一切都能随心所欲的错觉。但实际上,无论你多么想让那个感觉良好的自己保持现有状态,他都会走向毁灭和轮回。一切都是变化着的、不可靠的,这就是无常。

"有常想"就是不愿意接受现实,而寄希望于让某种状态保持下去。

第四个颠倒,即如果摒弃主观意识,我们便会对那些既不纯洁也不美好的事物,产生"纯洁""美好""美妙"等认知,把"不净"的事物看成"净"的。我们会把很多事物定义成清洁、肮脏、美妙、无聊、美丽、丑陋、可爱、不祥。比如,人的面容、鸽子的脚、鱼皮、犰狳的尸体、松鼠的尾巴、蓝色的天空、老房子、导弹……但这些事物在被大脑处理信息、变形之前，是没有好坏之分的。

根据自己的想法，把不分好坏的事物定义成"美好""漂亮""可爱"的事物，就是所谓的"净想"；而真实的世界是"不净"的，它并不纯洁，也不美好，所以无须执着。

羊驼很可爱、犰狳的尸体很恶心……这种看法源于大脑扭曲而造成的幻觉。

这就要倡导世人打破这四种大脑所产生的幻觉，恢复世界本来的面貌。把苦说成乐，把无我说成我，把无常说成常，把不净说成净，这都是因为我们无法放弃"渴爱"。

要想打破四位一体的一部分，除了观察世间的"无常、苦、无我"，还可以通过"不净想"或"不净观"的修行方法和训练方法，来中和"净想"。本章引用的目犍连的名言正是暗含不净观的思想。

你能接受"中和"吗

前文提到过,"不净"只是"不干净、不美好"的中立性含义,似乎对于肉体的看法并不中立,甚至可以说是"厌恶"。

比如前文中就有"破屋""充满恶臭"之类的表达。这是非常消极的观点。这种强烈的语言似乎是对身体的厌恶和攻击。但我认为,因为人们太过执着地顾惜肉身,所以用这句话来缓解我们的执念,朝反方向引导世人,其实也无可厚非。

这种"不净观"思维中和了我们过分执着于自己的肉身,把肉身看作"非常重要的东西""非常美好的东西"的想法。同时,它也可以用来中和那些情绪高涨、兴奋异常、飘飘然的心态。

但是,对于平时就很消沉、悲观、消极的人来说,把"身体污浊、令人厌恶"的思想强加给他是不适合的。如果一个人过于在意自己的身体是否肮脏恶臭,他的悲观情绪就会更加严重。这样一来，他不仅难以保持中立与客观，反而会厌恶自己、情绪低落、意志消沉。因此请务必注意不要过度。

不要走向两个极端

关于戒律是如何制定的，佛典中有一本叫作《律藏》的书，讲述了不杀生戒的始末。

鉴于弟子修行不净观而产生了轻生的念头，因此后世才有了"不能杀人，不能求别人杀自己，也不能赞美死亡"的戒律。

不净观会给人的心灵带来强烈的影响。在此基础上，最重要的还是中立性，如果过度重视"不净"，人们就会朝着不好的方向发展，思想也会变得消极。那就得不偿失了！

不仅是不净，对无常、苦、无我等问题的思考，也要注意适度。无常、苦、无我、不净确实是打破人类常识的一剂猛药，但如果人们产生了类似"既然一切都是痛苦的，那么我认为快乐的事情，其实也可能是痛苦的，那我还有什么生活的动力"，或者"既然身体都不属于我，我还活着干吗"的想法，并感觉心情沮丧、失去动力、意志消沉，那就证明这剂猛药对现在的你来说还是太危险了。

尽管我们的身体并不能由自己支配，也不是我们的私有物，但我们却总是把它占为己有。身体其实是由肉、肌腱、骨头等令人感到"恶心"的零件构成的，只不过是因为外面包裹了一层皮囊，让它显得好看了一些而已，但我们还是固执地认为它本身就是美的。

无常、苦、无我、不净四位一体，只要控制得当，就具有驱散所有执念的威力。

不要期待随心所欲

在此，我想再谈一下关于"我的"话题。我们常说

"我的孩子""我的财产",这就是心被占有欲支配着的表现。但我们就连自己的身体和内心都无法控制,更别提命令其他更加细枝末节的事物了。也就是说,如果把"我并不属于我"作为前提,就连我们自己也成了无主之人。

换个说法,比如"属于自己的我"。这种说法成立吗?我已经在书中多次表明立场,这种说法当然不成立!

在此基础上,让我们来思考一下"自己的孩子"是否成立。如果要让这句话成立,那么"自己的孩子"中的"自己",就必须是"属于自己的我"。换句话说,就是"'属于自己的我'的孩子",或者"'属于自己的我'的财产",虽然这种说法很绕口,但只有这样说,这句话才能成立。然而,既然"属于自己的我"都不成立,那么"'属于自己的我'的孩子",或者"'属于自己的我'的财产"就更不可能成立了。

但我们对此总是深信不疑,总认为"属于自己的我"

是成立的。当你这么想的时候,你就可以继续向下推导,比如"'属于自己的我'的对方""'属于自己的我'的朋友",或者"'属于自己的我'的同事"。

如果连自己都无法按照自己的想法行动,那还谈什么"然后"呢?但我们总是妄想出一个"属于自己的我"(能让自己按照自己的想法行动的我),努力让对方也能顺从我们的想法。我们对"'属于自己的我'的孩子"更是如此。

我想再强调一遍,这一切都不从属于主观,而是从属于绝对的客观。自由发展的事物与"我"无关,它们变化无穷。自己的孩子、自己的伴侣、自己的朋友、自己的父母或者爷爷奶奶……这些概念都是处于变化中的。

尽管如此,我们还是不愿意放弃对随心所欲的追求。"我希望你变成这样""我希望你变成那样""我希望你这样做""你应该更……"正因为有这些欲望纠缠着我们,我们的内心才会产生压迫感,变得痛苦。

正是因为主观扭曲现实,我们才会产生"这是自己的""早晚有一天会一切如愿""一定能保持下去"的错觉，不断被欺骗。我们需要以无常、苦、无我、不净为药，让扭曲的认知逐渐接近客观，进而直面绝对的客观。只要学会正确合理地放弃，就能从"必须这样做""必须那样做"这种无益的思考中获得自由。

我在前文中引用了斯多葛学派的思想，它与之不谋而合。在第二章中，我介绍了中国传统思想，包括老子、庄子、列子等人的思想，这些思想也有殊途同归的部分。

在这个世界上，围绕着"走正道"的议题，产生了各种各样的流派，也凝结了万千智慧的结晶，所以我们要学会以之为友，进而修正被"属于我"的概念所扭曲的思想。

有一种放弃可以让心灵更丰盈

即使我们想要实事求是、中立地接受一切，最难突破的还是自己心中的那道难关。我们时而会高看自己，时而又会贬低自己……所以不逞强、不自卑，真实地审视自己，其实是一件非常难的事情。

我们在评价自己的情绪时，往往会区分好坏，因此，在保持真实想法的同时，我们还会在不知不觉中加入以下判断。

在产生喜悦、斗志满满、清醒冷静、幸福感的时候，我们会希望这种状态能够长久保持下去。而一旦产生失望、低落、迟钝、不幸的时候，我们就会希望这些负面情绪赶快消失。

但是，"希望好的事物能够长久"不过是欲望的心理反应，当大脑分泌能够带给我们快感的多巴胺时，内心就会进入兴奋状态。

另外，"希望不好的事物消失"其实是一种厌恶的压力反应，此时控制压力反应的去甲肾上腺素会在脑内分泌，内心同样会进入兴奋状态。

只要内心处于兴奋状态，无论我们怎样客观地看待现在的情绪，都无法发挥觉知的自净、优化作用。

因此，对待自己情绪的正确态度是，不管是你认为的好情绪还是坏情绪，都不要期待它长久保持或者马上消失，而只需要去觉知它、认识它。人的情绪是无常变化的，所以你要告诉自己"此刻的情绪最终也会变化，它不过是暂时的、无常的"，然后放下执念，只去观察眼前发生的变化。

此非真实

It's not sure!（此非真实）

——阿姜查著，《心灵食粮》

这句话是已故上座部佛教冥想导师阿姜查（Ajahn Chah）经常说的。在阿姜查的著作《心灵食粮》（*Food for the heart*）中，他举了一个生动的例子。

我买了一支喜欢的笔，当时很开心。但在使用过程中，我初次得到它时的喜悦会慢慢消失，慢慢地对这支笔感到了厌倦。任何喜悦（相反的悲戚）都只是暂时的，并不是永恒的。

关于体会诸行无常，阿姜查提出了一个很简单的方法。即不论喜怒哀乐，只要你心中有对某种情绪的执念，就请默念："此非真实！"得意扬扬非真实，失魂落魄亦非真实，怒发冲冠仍非真实！不管产生什么样的想法，你都要告诉自己，那种想法只不过是没有实体的虚幻，然后放下执着。

哪怕你听了这个理论，心中喜悦："哈哈，原来如此！这太好了！"也要记住"此非真实"，坚持到底，磨炼心性。

我觉得"此非真实"能帮助我们放下执着，我也在坚持使用这个方法。情绪是无常的、不可靠的，只有放下它，我们的内心才会回归中立。

智慧 + 慈悲 = 真实

回到中立的态度，摆脱情绪的纠缠，实事求是地接受一切吧。不论"自己"变成什么样子，那个新的"自己"也很快就会老死。一切都是无常、不可靠的，不满足会滋生痛苦！人不可能随心所欲！无常、苦、无我、不净，这才是内心和外部世界的真实写照。

这种观察事物的智慧，是"车之两轮"之一，另一轮是慈悲。正如前文所述，为了中立地看待自己的情绪，我们应该学会保持慈悲之心。既然有对情绪的执着，就会有痛苦。用怜悯的态度面对这些痛苦，我们的内心会更容易回归平静且中立的状态。

只要仍旧生存，我们的内心就有遭受痛苦的机会，这是不容置疑的事实。在面对这个事实的时候，我们应该抱持怜悯之心，中立地接受一切。为了让大家更容易理解，我在最后提出接纳的四个步骤。

第一，倾听自己被情绪操控而产生的痛苦。

第二,深入了解这是一种怎样的痛苦,而不是只浮皮潦草地说一句"是吗",就"事了拂衣去",而是要充分理解自己正在遭受的痛苦。

第三,正如一行禅师所言,对痛苦报以微笑,这其实已经很接近"接纳"了。

第四,拥抱被微笑感化的痛苦。

既不希望自己的痛苦"消失"(压力反应),也不祈求痛苦"早早结束"(欲望反应),不要祈求什么,只是拥抱它们。不要带着目的性,或者思考自己现在做的一切有什么意义,只是拥抱。我们带着无可奈何的心情选择放弃,并拥抱一切的时候,心中的冰雪其实早已消融,同时这样也能促成符合自然规律的变化,从而缓解痛苦。

下面我们来一起默念吧。

请闭上眼睛,按照顺序开始默念。

倾听我的痛苦,

接纳真实的自我

> 理解我的痛苦,
>
> 对我的痛苦微笑,
>
> 拥抱我的痛苦。

这既不是只接受自己喜欢的,也不是只接受自己讨厌的。而是立足于"确实如此"的事实,怀着同情心来接受。

乍看之下,这似乎是允许我们任意干预、介入、扰乱内心,但实际上我们完全无法做到。即便你有办法扰乱自己的心,但也要知道,越是扰乱,内心就越容易陷入混乱。

正如前文所述,我们不仅对别人,就连对自己也要保持"无常、苦、无我"的心态,并学会放弃。保持中立方能觉知一切。这就是佛教的核心。

请把这盏"放弃的灯"在心房的一角点亮,不要勉强,保持从容的心态过好每一天。

一手持智慧,一手握慈悲,不偏不倚,笃行中道。

第四章 真实之章

我们有时会失去智慧,有时会失去慈悲,但我衷心希望大家每次都能重新找回慈悲之心。人生路上,即使步履蹒跚,也能做真实的自己!

尾　声

在尾声阶段，我想再次简单介绍一下本书的创作过程。

本书根据我在朝日文化中心新宿分校举办的四次《自省自觉》讲座的内容编写而成。在实际的讲座中，我会把引用文献中的句子手写在纸上，然后用投影仪投放在大屏幕上，一边播放一边演讲。因为都是一小段一小段的文字，所以看起来好像旧时代的"拉洋片"一样。

我一边读着讲座的总结，一边进行修改的时候，总是想："啊？我说的话这么难懂吗？""这段这么无聊，是我说的吗？"或许我还是无法接受现实，还在"死鸭子嘴硬"吧？于是我便一边学着接纳自己，一边进行写作。

讲座的负责人是矶野昭子女士。虽然我总是给她添麻烦，但她总是用灿烂的笑容接纳我，给我帮助，我们总是相谈甚欢。在此再次向她表示感谢！

自从责任编辑吉田光宏先生第一次提出"我想帮您出一本书"的提议后,又经过了漫长的时间,本书才终于成形。在原稿增补、修正的最终阶段,是吉田先生细致入微地配合我的工作。多亏了他的帮助,我才能安心写完这本书。如果没有吉田先生的耐心和坚持,本书很难面世,最后请允许我向吉田先生表示感谢!

参考文献

1. 洪自誠『菜根譚』(中村璋八・石川力山訳注　講談社学術文庫・1986年)

2. さかもと未明『女子のお値段』(小学館・2012年)

3. 新宮一成『ラカンの精神分析』(講談社現代新書・1995年)

4. ダルマキールティ『Pramanavarttika』(Tom Tilemans訳　Verlag Der Osterreichischen・2000年)

5. ダライ・ラマ14世 テンジン・ギャツォ『ダライ・ラマの仏教哲学講義』(福田洋一訳　大東出版社・1996年)

6. フランツ・カフカ『変身』(高橋義孝訳　新潮文庫・1987年)

7. 山竹伸二『「認められたい」の正体』(講談社現代新書・2011年)

8.『老子』（奥平卓・大村益夫訳　徳間書店・1996年）

9.『荘子』（岸陽子訳　徳間書店・1996年）

10. ティク・ナット・ハン『あなたに平和が訪れる禅的生活のすすめ』（塩原通緒訳 アスペクト・2005年）

11. マルクス・アウレーリウス・アントニヌス『自省録』（神谷美恵子訳　岩波文庫・2007年）

12. 岡野守也『ストイックという思想』（青土社・2013年）

13. ブッダダーサ比丘『The Truth Of Nature』（Amarin Publishing・2006年）

14. アーチャン・チャー『Food for the heart』（Wisdom Publishing・2002年）